中等职业教育计算机类专业通用教材系列

网页设计与制作项目教程

姜 华 主编

科学出版社

北 京

内 容 简 介

作者结合多年的教学和网站项目的开发经验，将网页制作的知识点和网站建设的基本技能融入在九类常见的网站页面制作项目中，通过示范性实现这些页面功能，也就是边做边学的方法，来辅助学生掌握应有的职业技能。全书内容依据由浅入深、循序渐进的方式，分三个部分讲授：第一部分为项目一～项目三，讲述了制作网页所需的基本技能；第二部分为项目四～项目七，讲述制作网页所需的常用技能；第三部分通过项目八和项目九的网站开发实例，使读者对 ASP 有初步的了解和掌握，能进行 ASP 动态网站的初级开发。

全书制作网页的平台软件为 Dreamweaver CS4。

图书在版编目（CIP）数据

网页设计与制作项目教程/姜华主编. —北京：科学出版社，2012
（中等职业教育计算机类专业通用教材系列）
ISBN 978-7-03-031733-9

Ⅰ．①网⋯　Ⅱ．①姜⋯　Ⅲ．①网页制作工具-教材　②网站-建设-教材　Ⅳ．①TP393.092

中国版本图书馆 CIP 数据核字（2011）第 121308 号

责任编辑：陈砺川 / 责任校对：马英菊
责任印制：吕春珉 / 封面设计：东方人华平面设计部

科 学 出 版 社 出版

北京东黄城根北街 16 号
邮政编码：100717
http://www.sciencep.com

北京虎彩文化传播有限公司 印刷

科学出版社发行　各地新华书店经销

*

2012 年 2 月第 一 版　　开本：787×1092　1/16
2021 年 7 月第八次印刷　　印张：14 1/2
字数：288 000

定价：**42.00 元**

（如有印装质量问题，我社负责调换〈虎彩〉）

销售部电话 010-62134988　编辑部电话 010-62135763-8020

前　言

随着网络技术的发展，尤其是 Internet 在生活和工作中的作用越来越重要，很多企、事业单位都需要掌握网页制作与网站建设技能的专业人才，本书正是根据这一需求，由具有实际项目实施经验的网站开发人员和有丰富相关教学经验的老师研究开发并编写而成。

本书在内容和编排方面注重循序渐进，将基础理论融入项目的实际应用当中，通过对多个完整且具有代表意义的网站项目的制作过程来进行学习和不断实践，让学习者逐步理解网页制作的基础理论并具备熟练的操作技能，培养建设网站项目工作的实际应用能力，真正实现让学生在"做"中学，在"做"中理解并掌握相关知识和技能。

很多初学者在学习过网站建设或是网页制作技术之后会发现一个问题：学完了，好像跟没学过一样，仍然做不出一个网页，更别说完成一个网站内容的设计和制作。而作为教学中的教师也会发出感叹：教材难选！很多教材将基础知识讲解得很清晰透彻，但学生学习后仍然不会做；学生参照老师提供的效果网页做，能把网页完成得很好，但离开老师给的效果网页后就几乎做不出一个完整的页面，更不用谈完成一个网站了。

本书的出版正是为了解决这些问题。书稿的作者都是来自于教学一线和具有网站项目实际开发经验的教师和技术人员，在多年的教学和网站项目开发过程中积累了大量的经验。本书将网页制作的主要技术安排在九个具有较强代表性的网站项目来开展学习，目的就是让学习者从一开始便接触到真正的网站，建立一种网站的整体印象。通过对多个项目中主要页面的学习和制作，逐步掌握相关的基础理论，理解并熟悉网站的制作过程，逐步熟练掌握网站设计与制作的技能。全书以项目实施为出发点，将理论有效地融入到实际操作中，体现的是先实际操作再理论学习、再实际操作这一学习过程。

本书的主要内容如下。

项目一：创建"晓明的空间"个人网站。主要讲述如何创建与管理站点，页面属性的设置，设置文本格式，创建网页链接，插入图像，滚动文本设置等网页制作基础。

项目二：创建"乐从文艺"社团网站页面。主要讲述表格在网页排版中的应用，AP Div 在排版中的应用。

项目三：创建某校内学习交流网站页面。主要讲述模板及其应用，创建并应用库，插入视频，插入背景音乐，插入 Flash 影片。

项目四：创建"新教育网校"网站页面。主要讲述如何创建框架网页，定义 CSS，背景样式的应用，将类样式应用到文本，方框和边框样式的应用。

项目五：创建"扬帆货运"企业网站页面。主要讲述色彩、网页的配色技巧，网站的 logo 及 banner，设计界面与切图。

项目六：创建"佛山奥园"房地产网站页面。主要讲述 CSS 实现滤镜效果，Div+CSS 网页布局，自动跳转页面，打开浏览器窗口，弹出信息，跳转菜单。

项目七：创建"世博游"网站页面。主要讲述行为、漂浮类广告，以及如何用 JavaScript 制作网页导航栏。

项目八：创建网络留言簿。主要讲述 Web 服务器配置，建立动态站点，建立 Access 数据库和表单。

项目九：创建在线书城。主要讲述 ASP 概念及语法，常见的 ASP 错误及解决方法。

本书适合作为中职中专相关专业"网页设计与制作"课程的教材，也可供网页制作的爱好者、网站建设开发人员、毕业设计的学生，以及相关培训班使用。

本书由姜华负责统稿并担任主编。另外，刘波负责编写项目一和项目五，姜华负责编写项目二，汪亚飞负责编写项目三和项目四，冯倩妮负责编写项目六和项目七，陈要求负责编写项目八和项目九。本书在编写过程中还得到了多个学校的支持和帮助，也得到了很多一线老师对初稿的使用反馈，他们对本书的编写、修改和出版给予了大量的支持和帮助，在此一并表示感谢。

如果您在阅读本书过程中遇到问题，可以发电子邮件 jh_hs@163.com 以获得帮助，我们会尽力帮您解决。

由于编者水平有限，书中难免出现疏漏及缺点，恳请广大读者批评指正。

目　录

1

项目一 创建"晓明的空间"个人网站

项目说明

　　本项目要求设计一个简单的个人网站，目的是通过完成本项目来掌握 Dreamweaver CS4 的基本操作，接触基本的 HTML 和 CSS 样式，为制作更加复杂的网站做好知识准备。

准备一　创建与管理站点

准备二　页面属性的设置

准备三　设置文本格式

准备四　创建网页链接

准备五　插入图像

准备六　滚动文本的设置

任务一　index.html 导航栏的实现

任务二　完成主页版块的设计

技能目标

1. 掌握本地站点的设置和管理。
2. 掌握 Dreamweaver CS4 的基本操作。
3. 学习简单的文本、图像等基本设置。

准备一 创建与管理站点

在制作网站之前，首先应该设计和规划好整个站点，继而才能进行具体的网页制作。站点是一个管理网页的场所，创建好一个本地站点后，可以进行管理站点操作，还可以创建文档并将其保存在站点文件夹中。

在 Dreamweaver CS4 中可以创建本地站点，本地站点就是在本地计算机中创建的站点，所有站点内容都保存在本地计算机中，一般先在本地将整个网站完成，然后再将站点上传到 Web 服务器上。创建站点后，可以管理创建的站点，并且可以再次编辑创建的站点。在创建站点之前，需要规划站点的结构。

制作网页，第一步就是要创建站点，为网站指定本地文件夹和服务器，使之建立联系。创建本地站点可以使用向导创建，也可以使用高级面板创建。

【例 1-1】 创建一个名为 my blog 的站点，如图 1.1 所示，并在站点目录中新建 images 文件夹。

创建站点并新建文件夹的过程如下。

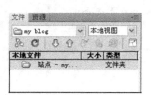

图 1.1 创建名为 my blog 的站点

1）在 D 盘中新建一个文件夹，命名为 my blog，作为存放网页文件的文件夹。

2）打开 Dreamweaver CS4，执行"站点">"新建站点"命令，在弹出来的站点定义对话框中输入站点名称 my blog，如图 1.2 所示，单击"下一步"按钮进入下一个对话框，选择"否，我不想使用服务器技术"选项，单击"下一步"按钮，在打开的对话框中选择新建网站的目录，单击"下一步"按钮，在"您如何连接到远程服务器"的下拉菜单中，选择"无"选项，如图 1.3 所示，单击"下一步"按钮，直至可单击"完成"按钮以完成站点的配置，之后就可以管理所建站点了。

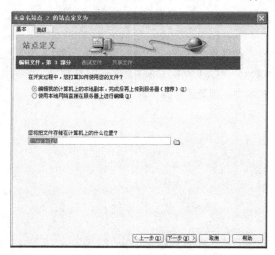

图 1.2 设置站点路径

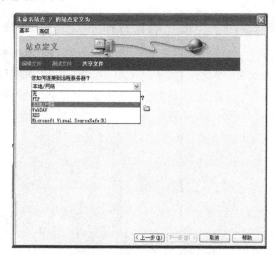

图 1.3 如何连接到远程服务器

3）打开本地文件下面的站点，右击，在弹出的菜单中选择"新建文件夹"选项，则在站点名字下面多出一个文件夹，重命名为 images，如图 1.4 所示。此文件夹用于存放所需的图片文件。

4）将准备好的图片复制到新建好的 images 文件夹中，在站点文件夹中也会显示，如图 1.5 所示。

5）新建名为"html"和"css"的文件夹，如图 1.6 所示，今后就可以在文件夹中新建文件，并将制作的网页文件分类放在不同的文件夹中。

图 1.4　站点中的 images 文件夹

图 1.5　images 文件夹中的图片文件

图 1.6　在站点中新建文件夹

准备二 | 页面属性的设置

对于 Dreamweaver 中创建的每个页面，用户都可以使用"页面属性"对话框（"修改"＞"页面属性"）指定布局和格式设置属性。"页面属性"对话框可以指定页面的默认字体系列和字体大小、背景颜色、边距、链接样式及页面设计的其他许多方面，还可以为创建的每个新页面指定新的页面属性，也可以修改现有页面的属性。在"页面属性"对话框中所进行的更改将应用于整个页面。

Dreamweaver 为"页面属性"对话框（图 1.7）的"外观（CSS）"、"链接（CSS）"和"标题（CSS）"类别中指定的所有属性定义 CSS 规则，这些规则嵌入在页面的 head 部分中。仍可以使用 HTML 设置页面属性，但必须在"页面属性"对话框中选择"外观（HTML）"类别（"标题/编码"和"跟踪图像"对话框也使用 HTML 设置页面属性）。

执行"修改"＞"页面属性"命令，或单击文本的属性检查器中的"页面属性"按钮，弹出"页面属性"对话框，如图 1.7 所示。

小贴士

如果选择的页面属性仅应用于活动文档，如果页面使用了外部 CSS 样式表，Dreamweaver 不会覆盖在该样式表中设置的标签，因为这将影响使用该样式表的其他所有页面。

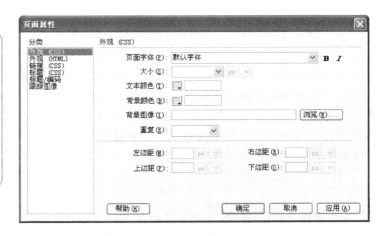

图 1.7　"页面属性"对话框

1）选择"外观（CSS）"类别并设置 "外观（CSS）"各个选项。

■ 页面字体：指定在页面中使用的默认字体系列。Dreamweaver 将使用指定的字体系列，除非已为某一文本元素专门指定了另一种字体。

■ 大小：指定在页面中使用的默认字体大小。Dreamweaver 将使用指定的字体大小，除非已为某一文本元素专门指定了另一种字体大小。

■ 文本颜色：指定显示字体时使用的默认颜色。

■ 背景颜色：指定页面的背景颜色。单击色块并从颜色选择器中选择一种颜色。

■ 背景图像：指定背景图像。单击"浏览"按钮，然后浏览图像并将其选中，或者在文本框中输入背景图像的路径。

与浏览器一样，如果图像不能填满整个窗口，Dreamweaver 会平铺（重复）背景图像。若要禁止背景图像以平铺方式显示，可使用层叠样式表禁用图像平铺。

2）选择"外观 （HTML）"类别并设置"外观（HTML）"各个选项。

■ 背景图像：设置背景图像。单击"浏览"按钮，然后浏览图像并将其选中，或者在文本框中输入背景图像的路径。

与浏览器一样，如果图像不能填满整个窗口，Dreamweaver 会平铺（重复）背景图像。若要禁止背景图像以平铺方式显示，可使用层叠样式表禁用图像平铺。

■ 背景：指定页面的背景颜色。单击色块并从颜色选择器中选择一种颜色。

■ 文本：指定显示字体时使用的默认颜色。

■ 链接：指定应用于链接文本的颜色。

■ 已访问链接：指定应用于已访问链接的颜色。

■ 活动链接：指定当鼠标（或指针）在链接文本上单击时应用的颜色。

■ 左边距和右边距：指定页面左边距和右边距的大小。

■ 上边距和下边距：指定页面上边距和下边距的大小。

3）选择"链接（CSS）"类别并设置各个选项。

■ 链接字体：指定链接文本使用的默认字体系列。默认情况下，Dreamweaver 使用为整个页面指定的字体系列（除非已指定了另一种字体）。

■ 大小：指定链接文本使用的默认字体大小。

■ 链接颜色：指定应用于链接文本的颜色。

■ 已访问链接：指定应用于已访问链接文本的颜色。

■ 变换图像链接：指定当鼠标（或指针）位于链接文本上时应用的颜色。

■ 活动链接：指定当鼠标（或指针）在链接文本上单击时应用的颜色。

■ 下划线样式：指定应用于链接文本的下划线样式。如果页面已经定义了一种下划线链接样式（例如，通过一个外部 CSS 样式表），"下划线样式"菜单默认为"不更改"选项。该选项会提醒已经定义了一种链接样式。如果使用"页面属性"对话框修改了下划线链接样式，Dreamweaver 将会更改以前的链接定义。

另外，还可以定义默认字体、字体大小、链接的颜色、已访问链接的颜色以及活动链接的颜色。

4）选择"标题（CSS）"类别并设置 CSS 页面标题属性各个选项。

■ 标题字体：指定标题使用的默认字体系列。Dreamweaver 将使用指定的字体系列，除非已为某一文本元素专门指定了另一种字体。

■ 标题1~标题6：指定最多六个级别的标题标签使用的字体、大小和颜色。

【例1-2】 在站点文件夹html中新建一个名为index.html的网页文件，作为博客的首页，并设置页面属性。

具体步骤如下：

1）选中文件夹 html 图标并右击，在弹出的菜单中选择"新建文件"，将文件命名为index.html，双击该文件，就会在Dreamweaver CS4中将其打开，接下来就可以正式编辑这个网页了。

2）设置页面属性，单击"属性"面板的"页面属性"按钮或者执行"修改">"页面属性"命令，并在弹出的"页面属性"对话框中选择"外观（CSS）"选项，进行如图1.8所示的参数设置。设置完成后，单击"确定"按钮，即可显示相应的页面。

图1.8 页面属性的设置

准备三 设置文本格式

用Dreamweaver CS4可以设置各种文本的格式，现在以index.html的网站名称设置为例来介绍在Dreamweaver CS4中如何定义文本的格式。

首先利用表格排版。

1）插入一个6行1列的表格table1，在"表格属性"面板中设置宽度为"900像素"，"居中"对齐，填充、边框、间距均为"0"。

2）将鼠标放在第一行中，第一行单元格中要放入网站名称，考虑到文字的位置与高度，将单元格设置高度为"200像素"，对齐方式为"左对齐"，"靠上"。方法是将鼠标放在第一行中，打开"代码"视窗，在<td>属性中输入代码，如下所示：

```
<td height="200" align="left" valign="top">
```

■ height="200"：设置该单元格高度为"200像素"。

■ align="left"：设置水平对齐方式为"左对齐"。

■ valign="top"：设置垂直方向为"靠上"对齐。

3）设置好后，在第一行中插入一个 3 行 1 列，宽度为 100%的表格 table2，进入该表格第一行，单击"表格属性"面板左上角的"代码"选项卡，进入代码视窗，在闪动光标的<td>属性中，加入代码"height="35""<td height="35">，在第二行单元格中输入网站名称"晓明的空间"，这样，第二行的文本距离顶端就有 35 像素的距离。

4）选择文本，设置文本格式。单击属性面板的"CSS"按钮，在目标规则下拉菜单中，选择"新建 CSS 规则"，然后单击"编辑规则"按钮，弹出"新建 CSS 规则"对话框，在此进行如图 1.9 所示参数的设置。

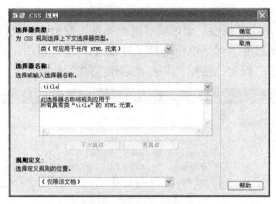

图 1.9 设置 CSS 规则参数

■ 选择器类型：标记选择器是利用 HTML 的标记直接定义标记内容的样式，如 h1{ color:red; font-size:25pt;}；类别选择器是通常所说的 class 选择器，定义的时候要在名称前加"."，如.one{ color:red; font-size:25pt;}；ID 选择器定义的时候要在前面加"#"，如#box{ color:red; font-size:25pt;}。

本例中选择"类"选项。

■ 选择器名称：给要定义的 CSS 命名，本例中命名为.title。

■ 规则定义：定义规则应用的范围，可以选择"（仅限于该文档）"选项，说明新定义的"CSS 式样"仅用于该文档，如果选择"新建样式表文件"选项，则会新建一个 CSS 文件。

5）单击"确定"按钮，将进入".title 的 CSS 规则定义"对话框。在此对话框中，可以对文字、表格、链接等进行各种 CSS 定义，具体参数设置如图 1.10 所示。

图 1.10 .title 的 CSS 规则参数设置

同时，会在代码视窗的<style></style>中产生一个.title 的类的 CSS 定义，如图 1.11 所示。

如果需要删除该类，只需删除这些代码即可。此时，选中网站名称，在 CSS 面板的"目标规则"下拉选项中就有了".tltle"类选项，选中该选项，此时便为"晓明的空间"赋予了新的格式。

用同样的方法设置"我的心灵驿站"文字格式，设置结果如图 1.12 所示。

```
29   .title {
30       font-family: "宋体";
31       font-size: 24pt;
32   }
```

图 1.11　新增的.title 代码　　　　　　　图 1.12　　"我的心灵驿站"格式

<h1>准备四　创建网页链接</h1>

在设置存储 Web 站点文档的 Dreamweaver 站点和创建 HTML 页面之后，需要创建文档到文档的链接。

Dreamweaver 提供多种创建链接的方法，可创建到文档、图像、多媒体文件或可下载软件的链接。可以建立到文档内任意位置的任何文本或图像的链接，包括标题、列表、表、绝对定位的元素（AP 元素）或框架中的文本或图像。

> **注意**
>
> 　了解从作为链接起点的文档到作为链接目标的文档之间的文件路径对于创建链接至关重要。

每个 Web 页面都有一个唯一地址，称作统一资源定位器（URL）。不过，在创建本地链接（即从一个文档到同一站点上另一个文档的链接）时，通常不指定作为链接目标的文档的完整 URL，而是指定一个始于当前文档或站点根文件夹的相对路径。

有三种类型的链接路径：

■ 绝对路径（如 http://www.adobe.com/support/dreamweaver/contents.html）。

■ 文档相对路径（如 dreamweaver/contents.html）。

■ 站点根目录相对路径（如 /support/dreamweaver/contents.html）。

使用 Dreamweaver 可以方便地选择创建的文档路径的链接类型。

绝对路径提供所链接文档的完整 URL，而且包括所使用的协议，如对于 Web 页面，通常使用 http://，例如 http://www.adobe.com/support/dreamweaver/contents.html。

必须使用绝对路径，才能链接到其他服务器上的文档。对本地链接（即到同一站点内文档的链接）也可以使用绝对路径链接，

> **小贴士**
>
> 　最好使用站点相对路径或文档相对路径，与键入路径相比，浏览到链接路径能确保输入的路径始终正确。

但不建议采用这种方式，因为一旦将此站点移动到其他域，则所有的本地绝对路径链接都将断开。通过对本地链接使用文档相对路径，可以在站点内移动文件时提高灵活性。

网页设计时经常使用的是文档相对路径。若当前文档与所链接的文档位于同一文件夹中，且在保持这种状态的情况下，文档相对路径特别有用。文档相对路径还可用于链接到其他文件夹中的文档，方法是利用文件夹层次结构，指定从当前文档到所链接文档的路径。

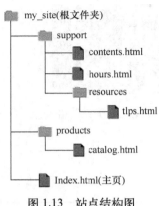

图 1.13　站点结构图

文档相对路径的基本思想是省略掉对于当前文档和所链接的文档都相同的绝对路径部分，只提供不同的绝对路径部分。例如，假设一个站点的结构，如图 1.13 所示。

■ 若要从 contents.html 链接到 hours.html（两个文件位于同一文件夹中），可使用文档相对路径 hours.html。

■ 若要从 contents.html 链接到 tips.html（在 resources 子文件夹中），请使用文档相对路径 resources/tips.html。每出现一个斜杠"/"，表示在文件夹层次结构中向下移动一个级别。

■ 若要从 contents.html 链接到 index.html（位于父文件夹中 contents.html 的上一级），请使用文档相对路径 ../index.html。每出现两个点和一个斜杠"../"，表示在文件夹层次结构中向上移动一个级别。

■ 若要从 contents.html 链接到 catalog.html（位于父文件夹的不同子文件夹中），请使用文档相对路径 ../products/catalog.html。其中，"../"表示向上移至父文件夹，而"products/"表示向下移至 products 子文件夹中。

■ 若成组地移动文件，如移动整个文件夹时，该文件夹内所有文件保持彼此间的文档相对路径不变，此时不需要更新这些文件间的文档相对链接。但是，在移动包含文档相对链接的单个文件，或移动由文档相对链接确定目标的单个文件时，则必须更新这些链接。如果使用"文件"面板移动或重命名文件，则 Dreamweaver 将自动更新所有相关链接。

准备五　插 入 图 像

图像是网页中的重要元素，因此掌握图像的插入和使用方法也是非常重要的。

1．图像格式

虽然存在很多种图形文件格式，但网页中通常使用的只有三种，即 GIF、JPEG 和 PNG。GIF 和 JPEG 文件格式的支持情况最好，大多数浏览器都可以对其进行查看。

1）GIF（图形交换格式）。

GIF 文件最多使用 256 种颜色，最适合显示色调不连续或具有大面积单一颜色的图像，如导航条、按钮、图标、徽标或其他具有统一色彩和色调的图像。

2）JPEG（联合图像专家组）。

JPEG 文件格式是用于摄影或连续色调图像的较好格式，这是因为 JPEG 文件可以包含数百万种颜色。随着 JPEG 文件品质的提高，文件的大小和下载时间也会随之增加。通常可以通过压缩 JPEG 文件在图像品质和文件大小之间达到良好的平衡。

3）PNG（可移植网络图形）。

PNG 文件格式是一种替代 GIF 格式的无专利权限制的格式，它包括对索引色、灰度、真彩色图像以及 Alpha 通道透明度的支持。PNG 是 Adobe Fireworks 固有的文件格式。PNG 文件可保留所有原始层、矢量、颜色和效果信息（如阴影），并且在任何时候所有元素都是可以完全编辑的。文件必须具有".png"文件扩展名才能被 Dreamweaver 识别为 PNG 文件。

图像插入 Dreamweaver 文档时，HTML 源代码中会生成对该图像文件的引用。为了确保此引用的正确性，该图像文件必须位于当前站点中。如果图像文件不在当前站点中，Dreamweaver 会询问是否要将此文件复制到当前站点中。

此外，还可以插入动态图像。动态图像指那些经常变化的图像。例如，广告横幅旋转系统需要在请求页面时从可用横幅列表中随机选择一个横幅，然后动态显示所选横幅的图像。

2．插入图像的方法

在"文档"窗口中，将插入点放置在要显示图像的地方，然后执行下列操作之一。

■ 在"插入"面板的"常用"类别中，单击"图像"图标 🖼。

■ 在"插入"面板的"常用"类别中，单击"图像"按钮，然后选择"图像"图标。"插入"面板中显示"图像"图标后，可以将该图标拖动到"文档"窗口中（或者如果此时正在处理代码，则可以拖动到"代码视图"窗口中）。

■ 执行"插入" > "图像"命令。

■ 将图像从"资源"面板（"窗口" > "资源"）拖动到"文档"窗口中的所需位置。

■ 将图像从"文件"面板拖动到"文档"窗口中的所需位置。

■ 将图像从桌面拖动到"文档"窗口中的所需位置。

在出现的对话框中执行下列操作之一：

■ 选择"文件系统"选项以选择一个图像文件。

■ 选择"数据源"选项以选择一个动态图像源。

■ 单击"站点和服务器"按钮，并在其中的一个 Dreamweaver 站点的远程文件夹中选择一个图像文件。

如果此时正在处理一个未保存的文档，Dreamweaver 将生成一个对图像文件的 file:// 引用。将文档保存在站点中的任意位置后，Dreamweaver 将该引用转换为文档相对路径。

3．设置图像属性

在菜单栏中执行"窗口" > "属性"命令，则会打开图像的"属性"面板，如图 1.14 所示。

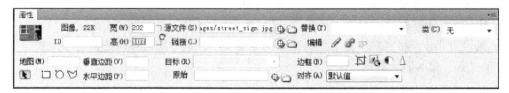

图 1.14　图像的"属性"面板

■ 宽和高：图像的宽度和高度，以像素表示。在页面中插入图像时，Dreamweaver 会自动用图像的原始尺寸更新这些文本框。

如果设置的宽和高值与图像的实际宽度和高度不相符，则该图像在浏览器中可能不会被正确地显示。若要恢复原始值，请单击"宽"和"高"文本框，或单击用于输入新值的"宽"和"高"文本框右侧的"重设大小"按钮。

提示/技巧

可以通过更改这些值来缩放该图像实例的显示大小，但这不会缩短下载时间，因为浏览器先下载所有图像数据再缩放图像。若要缩短下载时间并确保所有图像实例以相同大小显示，请使用图像编辑方式应用程序缩放图像。

- 源文件：指定图像的源文件。单击"文件夹"图标以浏览到源文件，或者键入路径。
- 链接：指定图像的超链接。将"指向文件"图标拖动到"文件"面板中的某个文件，单击"文件夹"图标浏览到站点上的某个文档，或手动键入 URL。
- 对齐：指定对齐同一行上的图像和文本。
- 替换：指定在只显示文本的浏览器，或已设置为手动下载图像的浏览器中，代替图像显示的替换文本。对于使用语音合成器（用于只显示文本的浏览器）的有视觉障碍的用户，将大声读出该文本。在某些浏览器中，当鼠标指针滑过图像时也会显示该文本。
- 地图名称和热点工具：指定允许标注和创建客户端图像地图的名称。
- 垂直边距和水平边距：指定沿图像的边添加边距，以像素表示。垂直边距沿图像的顶部和底部添加边距。水平边距沿图像的左侧和右侧添加边距。
- 目标：指定链接的页面应加载到的框架或窗口。当图像没有链接到其他文件时，此选项不可用。当前框架集中所有框架的名称都显示在"目标"列表中，也可选用下列方式保留目标名：

    _blank：将链接的文件加载到一个未命名的新浏览器窗口中。

    _parent：将链接的文件加载到含有该链接的框架的父框架集或父窗口中。如果包含链接的框架不是嵌套的，则链接文件加载到整个浏览器窗口中。

    _self：将链接的文件加载到该链接所在的同一框架或窗口中。此目标是默认的，所以通常不需要指定。

    _top：将链接的文件加载到整个浏览器窗口中，因而会删除所有框架。

- 边框：图像边框的宽度，以像素表示。默认为无边框。
- 编辑：启动在"外部编辑器"首选参数中指定的图像编辑器并打开选定的图像。
- 编辑图像设置 ：打开"图像"预览对话框并优化图像。
- 裁剪 ：裁切图像的大小，从所选图像中删除不需要的区域。
- 重新取样 ：对已调整大小的图像进行重新取样，提高图片在新的大小和形状下的品质。
- 亮度和对比度 ：调整图像的亮度和对比度设置。
- 锐化 ：调整图像的锐度。
- 重设大小 ：将宽和高值重设为图像的原始大小。调整所选图像的值时，此按钮显示在"宽"和"高"文本框的右侧。

准备六 滚动文本的设置

在网页中经常看到的一些滚动的文字或图片能增加网页的动感效果，这些文字或图片便是由<marquee>标签实现的。<marquee>标签是成对出现的标签，首标签<marquee>和尾标签</marquee>之间的内容就是滚动内容。<marquee>标签的属性主要有 behavior、bgcolor、direction、width、height、hspace、vspace、loop、scrollamount、scrolldelay 等，它们都是可选的。

■ behavior 属性。

behavior 属性的参数值为 alternate、scroll、slide 中的一个，分别表示文字来回滚动、单方向循环滚动、只滚动一次，需要注意的是：如果在<marquee>标签中同时出现了 direction 和 behavior 属性，那么 scroll 和 slide 的滚动方向将依照 direction 属性中参数的设置，输入代码如下所示。

```
<marquee behavior="alternate">我来回滚动</marquee>
<marquee behavior="scroll">我单方向循环滚动</marquee><marquee behavior="scroll" direction="up" height="30">我改单方向向上循环滚动</marquee>
<marquee behavior="slide">我只滚动一次</marquee>
<marquee behavior="slide" direction="up">我改向上只滚动一次了</marquee>
```

■ bgcolor 属性。

bgcolor 属性决定文字滚动范围的背景颜色，参数值是十六进制（形式为#AABBCC 或 #AA5566 等）或预定义的颜色名字（如 red、yellow、blue 等），输入代码如下所示。

```
<marquee behavior=="slide" direction="left" bgcolor="red">我的背景色是红色的</marquee>
```

■ direction 属性。

direction 属性决定文字滚动的方向，属性的参数值有 down、left、right、up 共四个单一可选值，分别代表滚动方向向下、向左、向右、向上，输入代码如下所示。

```
<marquee direction="right">我向右滚动</marquee>
<marquee direction="right">我向下滚动</marquee>
```

■ width 和 height 属性。

width 和 height 属性决定滚动文字在页面中的矩形范围大小。width 属性用以规定矩形的宽度，height 属性规定矩形的高度。这两个属性的参数值可以是数字或者百分数，数字表示矩形所占的（宽或高）像素点数，百分数表示矩形所占浏览器窗口的（宽或高）百分比，输入代码如下所示。

```
<marquee width="300" height="30" bgcolor="red">我宽 300 像素，高 30 像素。</marquee>
```

■ hspace 和 vspace 属性。

这两个属性决定滚动矩形区域距周围的空白区域，输入代码如下所示。

```
<marquee width="300" height="30" vspace="10" hspace="10" bgcolor="red">我矩形边缘水平和垂直距周围各 10 像素。</marquee>
<marquee width="300" height="30" vspace="50" hspace="50" bgcolor="red">我矩形边缘水平和垂直距周围各 50 像素。</marquee>
```

■ loop 属性。

loop 属性决定滚动文字的滚动次数，缺省是无限循环。参数值可以是任意的正整数，如果设置参数值为-1 或 infinite 时将无限循环，输入代码如下所示。

```
<marquee loop="2">我滚动 2 次。</marquee>
<marquee loop="infinite">我无限循环滚动。</marquee>
<marquee loop="-1">我无限循环滚动。</marquee>
```

■ scrollamount 和 scrolldelay 属性。

这两个属性决定文字滚动的速度（scrollamount）和延时（scrolldelay），参数值都是正整数，输入代码如下所示。

```
<marquee scrollamount="100">我速度很快。</marquee>
<marquee scrollamount="50">我慢了些。</marquee>
<marquee scrolldelay="30">我小步前进。</marquee>
<marquee scrolldelay="1000" scrollamount="100">我大步前进。</marquee>
```

align 属性决定滚动文字位于距形内边框的上下左右位置。也可以将<marquee>和</marquee>之间的内容替换为图像或其他对象等。

任务一 index.html 导航栏的实现

任务目标 练习如何设置 index.html 的导航栏。

任务分析 现在的网站导航基本都以文字导航为主，大多用 CSS 来定义它的链接，实现了这个导航栏的制作，将为制作更复杂的导航栏打下良好的基础。

任务步骤

01 将鼠标置于 table1 的第二行，设置对齐方式为"左对齐"，"靠上"。

02 在其中插入一个 5 列 1 行，宽度为"500 像素"、高度为"30 像素"的表格 table3，在每个单元格中分别插入导航文字，如图 1.15 所示。

图 1.15 插入导航文字

此时每个单元格宽度不同，高度不够，单击标签选项卡中的 `<table><tr><td>` 选中该表格，进入"代码"视窗，则该表格的 HTML 代码也被选中，如图 1.16 所示。

03 从代码"`<td>首页</td>`"中可以看出，每个单元格的高度和宽度都没有设置，因此可以在代码中定义每个单元格宽度"100 像素"和高度"30 像素"，并且文字居中，如图 1.17所示。

```
<td height="30" class="title">
<table width="500" border="0" cellspacing="0" cellpadding="0">
  <tr>
    <td>首页</td>
    <td>日记</td>
    <td>相册</td>
    <td>兴趣爱好</td>
    <td>个人文档</td>
  </tr>
</table></td>
```

图 1.16　表格的 HTML 代码

```
<table width="500" border="0" cellspacing="0" cellpadding="0">
  <tr>
    <td width="100" height="30" align="center">首页</td>
    <td width="100" height="30" align="center">日记</td>
    <td width="100" height="30" align="center">相册</td>
    <td width="100" height="30" align="center">兴趣爱好</td>
    <td width="100" height="30" align="center">个人文档</td>
  </tr>
</table></td>
```

图 1.17　代码设置高度的文字居中

回到"设计"视窗，结果如图 1.18 所示。

图 1.18　设置高度和文字居中的效果

至此，每个单元格都变为宽度 100 像素，高度 30 像素，单元格中的文字居中。

04 设置单元格背景。

将 images 中的 nav.png 图片设置为表格背景，方法如下：

在每个<td>标签中加入代码 backgroud="../images/nav.png"，如图 1.19 所示。

```
<td width="100" height="30" align="center" background="../images/nav.png">
<td width="100" height="30" align="center" background="../images/nav.png">
<td width="100" height="30" align="center" background="../images/nav.png">
<td width="100" height="30" align="center" background="../images/nav.png">
<td width="100" height="30" align="center" background="../images/nav.png">
```

图 1.19　代码设置单元格背景

05 设置链接。

选择"首页"，打开"属性"面板的 HTML 属性面板，如图 1.20 所示。

图 1.20　HTML 属性面板

图 1.21 站点 html 文件夹文件结构

在链接（L）后有一个带下拉菜单的文本框，以及两个按钮，所以，建立链接的方法有三种：

■ 可以在文本域中直接输入要链接的文件路径和名称。

■ 单击 ✪ 按钮，通过单击并拖动"文件"面板中的目标链接文件，建立链接。

■ 单击 ▢ 按钮，通过浏览文件来建立链接。

现在将素材文件夹中的五个 HTML 文件移动到站点 html 文件夹中，要链接的文件和 index.html 文件在同一个文件夹中，如图 1.21 所示。

请使用不同的几种方法建立相对路径的如下链接。

"首页"链接 index.html 文件；"日记"链接 1_1.html 文件；"相册"链接 2.html 文件；"兴趣爱好"链接 3.html 文件；"个人文档"链接 4.html 文件。

添加完链接后，如图 1.22 所示，颜色变成了蓝色和增加了下划线。

图 1.22 添加链接后的文字

06 对有链接的文字，可以设置链接样式。链接的标签名为<a>，在 HTML 属性面板中单击 CSS 按钮，在"目标"规则中选择"新建 CSS 规则"选项，单击"编辑规则"按钮，在"新建 CSS 规则"对话框中进行如图 1.23 所示设置。

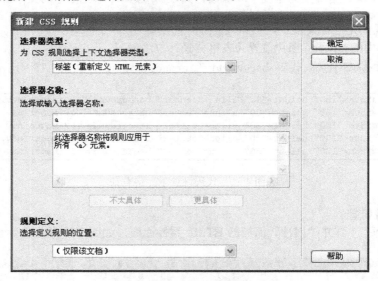

图 1.23 "新建 CSS 规则"对话框

单击"确定"按钮，进入"a 的 CSS 规则定义"对话框进行如图 1.24 所示设置。

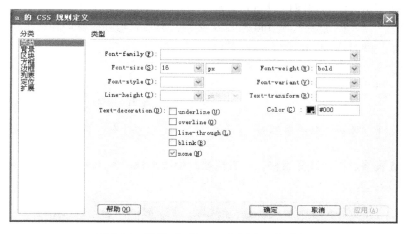

图 1.24 设置"a 的 CSS 规则定义"参数

单击"确定"按钮，所得效果如图 1.25 所示。

图 1.25 设置格式后的导航栏效果

07 还可以对链接的文字加入链接动态效果，方法是在"新建 CSS 规则"对话框中，选择"复合内容项"选项，在"选择器名称"的下拉菜单中，有几个关于 a 的选项：

■ a:link 链接未单击上去时；

■ a:visited 链接已经单击过的；

■ a:hover 鼠标放在链接上未单击；

■ a:active 是介于 hover 与 visited 之间的一个状态，可以说是链接被按下时的状态。

选择"a:hover"，单击"确定"按钮，弹出"a:hover 的 CSS 规则定义"对话框，则可以编辑当鼠标移动到有链接的文字上时文字的格式，如图 1.26 所示。

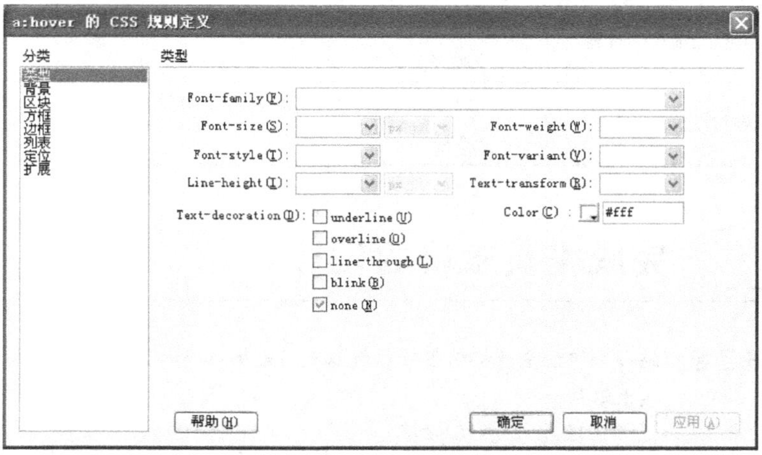

图 1.26 设置 a:hover 的 CSS 规则定义参数

这时，在代码中会自动添加关于 a:hover 的代码，如图 1.27 所示。

单击"保存"按钮，然后浏览 index.html 文件，会看到当鼠标移动到有链接的文字上时文字颜色的变化，如图 1.28 所示。

```
a:hover {
    colcr: #fff;
    text-decoration: none;
}
```

图 1.27　自动添加的 a:hover 代码

图 1.28　添加 a:hover 代码效果

08 设置表格边框，选择表格，在表格属性中添加代码 style="border:lpx solid #000"，效果如图 1.29 所示。

图 1.29　添加边框效果图

至此，导航栏设置基本完成。

任务检测与评估

任务完成后，请填写表 1.1，对自己的学习情况进行评估。

表 1.1　任务检测与评估表

检测项目		评分标准	分值	学生自评	教师评估
任务知识内容	表格的设置	熟练，一次性完成，得 10 分；一般熟练，反复操作后完成，得 8 分；询问，在别人指导下完成，得 6 分；未能完成，得 0 分	10		
	导航文字的设置		10		
	链接的设置		10		
任务操作技能	站点的建立	按站点建立的要求，完成站点建立，得 10 分；错误一项扣 2 分	10		
	表格布局的准确性	每出现一处错误扣 1 分	10		
	表格各项参数设置	美观且设置合理，不足一项扣 2 分	15		
	导航文字 CSS 设置	3 分钟内设置好导航文字的 CSS 样式，得 15 分；每晚半分钟扣 2 分	15		
	链接设置的准确性	3 分钟内完成链接的设置，得 20 分；每晚半分钟扣 3 分	20		

任务二　完成主页版块的设计

■ **任务目标**　练习如何设置表格的各项参数以及用表格布局网页、插入图像、设置滚动文本等基本操作。

■ **任务分析**　插入图像，设置表格格式，设置滚动文字都是制作网页最基本的操作，通过这些基本操作来完成网站主页部分的设计。

任务步骤

01 设计如图 1.30 所示的个人资料框。

1）在进行设计前，先用嵌套表格布局好主页版块的设计，然后用表格布局好"个人资料"内容版块，在此不再详细讲解，设置单元格背景颜色为#E7EED2，表格布局效果如图 1.31 所示。

图 1.30　个人资料框　　　　　　　　　　　图 1.31　表格布局

2）将鼠标置于放置相片的单元格中，设置单元格对齐方式为"水平"、"垂直居中"。

3）执行"插入" > "图像"命令，在"选择图像源文件"对话框中，浏览站点文件 `站点根目录` 中的 images 文件夹，选择"figure_owner_m.jpg"图片，设置为"居中"。

4）在第二行单元格中的表格中输入文字。

5）在第三行单元格中输入文字"查看更多"，并建立链接 4.html。

02 在公告栏位置设置如图 1.32 所示的内容块。设置公告中的文字滚动。

1）利用表格排版，并设定表格边框及单元格背景，其具体过程在此不再累述。

2）在单元格内输入如图 1.32 所示文字。

3）选择"文字"选项，打开代码视窗，利用<marquee>标签设置文字滚动。

03 制作如图 1.33 所示的兴趣爱好栏。

其方法与设置公告栏一样。

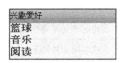

图 1.32　公告栏图　　　　　　　　　　　图 1.33　兴趣爱好栏

04 完成如图 1.34 所示的最新日记版块。

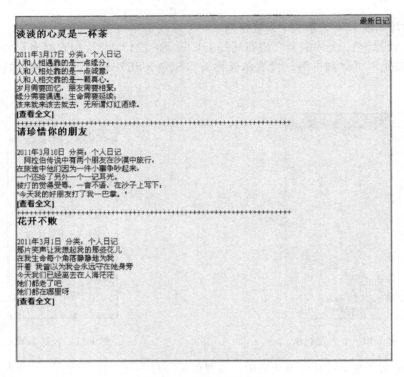

图 1.34 最新日记版块

制作方法与设置公告栏一样，做完这些步骤，就完成了一个最简单的个人网站主页的设计。

任务检测与评估

任务完成后，请填写表 1.2，对自己的学习情况进行评估。

表 1.2 任务检测与评估表

检测项目		评分标准	分值	学生自评	教师评估
任务知识内容	表格的设置	熟练，一次性完成，得 10 分；一般熟练，反复操作后完成，得 8 分；询问，在别人指导下完成，得 6 分；未能完成，得 0 分	10		
	滚动文本的设置		10		
	图片的插入		10		
任务操作技能	图片的插入和设置	按要求插入并设置图片，得 10 分；在别人的指导下完成，得 8 分；未能完成，得 0 分	10		
	表格的布局准确性	每出现一处错误扣 2 分	20		
	表格各项参数设置	美观且设置合理，不足一项扣 1 分	20		
	滚动文本的设置	符合要求并熟练设置，得 15 分，在别人的指导下完成，得 12 分，未完成得 0 分	20		

项目评价

通过本项目各任务的学习，完成项目网站的制作。完成项目网站后，请认真填写表1.3，以检查自己的学习情况。

表1.3　项目检测与评估表

检测项目		评分标准	分值	学生自评	教师评估
项目功能 （50分）	站点管理网站文件	能建立站点并用站点管理网页文件	10分		
	页面属性设置	能按照需求设置页面属性	10分		
	建立链接与导航栏设置	能正确建立链接并设置导航栏的样式	15分		
	建立主页版块	能按要求设置主页版块	15分		
知识掌握 （30分）	站点配置	正确建立站点	5分		
	文本格式设置	能按要求设置文本格式	5分		
	创建链接	能按要求正确创建链接	10分		
	插入图片	能按要求插入图片	5分		
	设置滚动文本	熟练掌握滚动文本的设置	5分		
技能熟练程度及解决问题能力（20分）	导航栏设置的掌握与扩展	对导航栏的设置非常熟悉，并能根据不同网站的需求创建各种不同的导航栏	10分		
	Dreamweaver CS4的基本操作的掌握	通过本项目的学习，掌握Dreamweaver CS4的基本操作并能举一反三	10分		

2 项目二 创建"乐从文艺"社团网站页面

项目说明

本项目将完成一个文学社团网站的制作，目的是掌握并使用表格和 AP Div 对网页进行排版布局。在前一项目的学习基础之上，更好地完成网站的设计与制作，掌握网站制作过程，掌握网页排版的相关方法和技能，掌握排版布局技巧。

准备一　表格的插入及其属性设置

准备二　编辑表格

准备三　使用表格排版网页

准备四　创建 AP Div 层

准备五　编辑 AP Div 层

准备六　使用 AP Div 层排版网页

任务一　制作"名家手笔"页面

任务二　制作"艺苑博闻"页面

任务三　制作文学社团网站首页

技能目标

1. 学习在网页中插入表格，并利用表格进行网页的布局排版。

2. 学习在网页中插入 AP Div，并使用 AP Div 进行网页的布局排版。

准备一 表格的插入及其属性设置

表格是最常用的网页布局实现方式。通过控制表格中行和列的大小，可以方便快捷地对网页中的各种元素进行布局。在表格中可以多次插入表格，以实现表格的嵌套，从而更好地满足版面布局的需要。

1. 插入表格

插入表格一般有两种方法：

1）执行"插入"＞"表格"命令。

2）在"插入"面板的"常用"类别中，单击"表格"按钮，如图2.1所示。

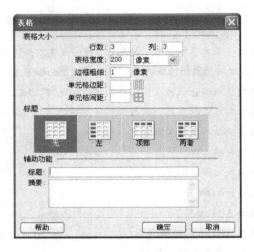

小贴士

如果没有明确指定边框粗细、单元格间距和单元格边距的值，则大多数浏览器都将边框粗细和单元格边距设置为"1"，单元格间距设置为"2"来显示表格。若要确保浏览器显示表格时不显示边距或间距，请将单元格边距和单元格间距设置为"0"。

图2.1 "表格"对话框

根据实际需要，在"表格"对话框中输入相应的参数。

■ 行数和列：指定表格行和列的数目。

■ 表格宽度：以像素为单位或按占浏览器窗口宽度的百分比来指定表格的宽度。

■ 边框粗细：指定表格边框的宽度（以像素为单位）。

■ 单元格边距：指定单元格边框与单元格内容之间的像素数。

■ 单元格间距：指定相邻的表格的单元格之间的像素数。

■ 标题：指定对表格启用或不启用标题。

■ 摘要：表格的说明。屏幕阅读器可以读取摘要文本，但是该文本不会显示在用户的浏览器中。

网页的<body>、<p>、<div>等标签都可以插入标签，在表格的单元格中也可以插入表格。在单元格中插入表格就是表格的嵌套。

2. 设置表格的属性

选中表格，可以对表格的属性进行设置。要选中表格，请执行下列操作之一：

1）单击表格的左上角、表格的顶缘或底缘的任何位置或者行或列的边框。

2）单击某个表格单元格，然后在"文档"窗口左下角的标签选择器中选择 <table> 标签。

3）单击某个表格单元格，然后执行"修改">"表格">"选择表格"命令。

4）在表格中右击，在弹出的快捷菜单中执行"表格">"选择表格"命令。

选中表格后，在"属性"面板中设置表格的属性，如图 2.2 所示。

图 2.2　表格属性的设置

在属性标签中，设置相应的参数。

- 行和列：指定表格中行和列的数量。
- 宽：以像素为单位或表示为占浏览器窗口宽度的百分比来指定表格的宽度。
- 填充：指定单元格内容与单元格边缘之间的距离。
- 间距：指定单元格之间的间距。
- 对齐：指定表格在页面中的对齐方式。
- 边框：指定表格边框的宽度，单位为像素。
- 类：指定表格的 CSS 样式。

3．设置单元格的属性

当光标置于单元格内时，可在"属性"面板中设置单元格属性，如图 2.3 所示。

图 2.3　单元格属性的设置

在属性标签中，设置相应的参数。

- 水平：指定单元格、行或列内容的水平对齐方式。
- 垂直：指定单元格、行或列内容的垂直对齐方式。
- 宽和高：所选单元格的宽度和高度，以像素为单位或按整个表格宽度或高度的百分比来指定。若要指定百分比，请在值后面使用百分比符号"%"。若要让浏览器根据单元格的内容以及其他列和行的宽度和高度确定适当的宽度或高度，请将此域留空（默认设置）。
- 背景颜色：使用颜色选择器指定单元格的背景颜色，也可以输入一个十六进制的自定义颜色值。
- 图标：将一个单元格分成两个或更多个单元格。一次只能拆分一个单元格；如果选择的单元格多于一个，则此按钮不可用。

准备二 编辑表格

1. 添加单个行或列

单击某个单元格并执行下列操作之一：

1）执行"修改">"表格">"插入行"命令或"修改">"表格">"插入列"命令，将在插入点的上面出现一行或在插入点的左侧出现一列。

2）单击列标题菜单，然后右击，在弹出的快捷菜单中执行"表格">"插入行"命令或"表格">"插入列"命令。

2. 添加多行或多列

单击一个单元格，执行"修改">"表格">"插入行或列"命令，设置要添加的行数和列数，然后单击"确定"按钮。

3. 删除行或列

请执行下列操作之一：

1）单击要删除的行或列中的一个单元格，然后执行"修改">"表格">"删除行"命令或"修改">"表格">"删除列"命令。

2）选择完整的一行或一列，然后执行"编辑">"清除"命令或按 Delete 键。

4. 使用"属性"面板添加或删除行或列

选择表格，在属性检查器（"窗口">"属性"）中执行下列操作之一：

1）若要添加或删除行，请增加或减小行值。

2）若要添加或删除列，请增加或减小列值。

准备三 使用表格排版网页

多数时候，可以通过表格的合并、拆分、嵌套等方法，将网页元素灵活排版，实现按设计者要求的方式在网页中进行显示。

但需要注意的是，使用表格排版，应尽量使用表格的嵌套方法，减少对表格的拆分或合并操作。这是因为表格中的单元格会相互影响，在更改一个单元格的大小时，同时会对其他单元格造成影响，从而很难进行灵活控制。尽量使用表格的嵌套，可以有效减少单元格之间的影响。

【例 2-1】 图 2.4 所示为乐从文艺网站的"名家手笔"页面，请利用表格排版实现该网页。

根据样图可使用表格排版页面，过程如下。

1）把整个页面看成两个部分，即网页顶部和正文。插入一个 2 行 1 列的表格，宽度设为"950 像素"。表格对齐方式设为"居中"。

2）先完成第一部分：网页顶部。在第一行中插入一个 2 行 2 列的表格，宽度设为"100%"，如图 2.5 所示。

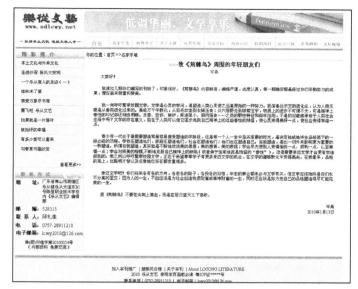

图 2.4　网页样图

图 2.5　表格排版

3）接着处理第二部分：正文。

■ 继续把正文分成左右两个部分，插入一个 1 行 2 列的表格，宽度设为"100%"。

■ 在左边单元格里插入一个 2 行 1 列的表格（A 表格）。然后在第一行插入一个 2 行 1 列的表格（B 表格），设定 B 表格的第二行单元格的背景色为"#CCCCCC"，接着插入一个 24 行 1 列的表格（C 表格），表格的宽度设为"99%"，背景色设为"#EFF8FD"。

继续操作 A 表格，在第二行中插入一个 2 行 1 列的表格（D 表格），设定 D 表格的第二行背景色为"#CCCCCC"，接着插入一个 7 行 2 列的表格（E 表格），表格宽度为"99%"，背景色为"#EFF8FD"。这样，正文左边部分完成，如图 2.6 所示。

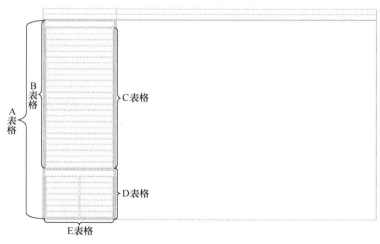

图 2.6　正文的表格排版

■ 将光标置于正文部分最右边单元格，将单元格的垂直对齐设为"顶端"。插入一个4行1列的表格，宽度设为"100%"。这样，表格排版构造完成，效果如图2.7所示。

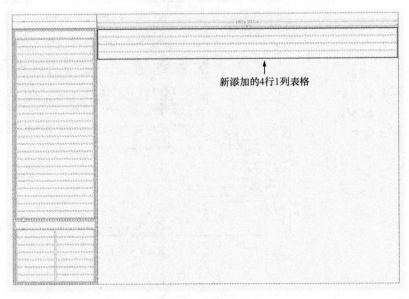

新添加的4行1列表格

图 2.7 表格排版

此时，在 Dreamweaver 的快捷工具栏中，执行"布局">"扩展"命令，即可见更清晰的表格布局，如图2.8所示。

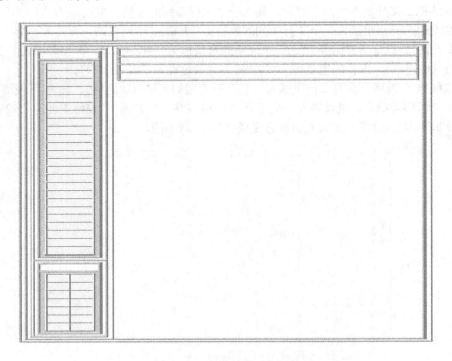

图 2.8 "布局">"扩展"模式下的表格布局图

准备四　创建 AP Div 层

1. 创建 AP Div

在快捷工具栏中，执行"插入">"布局">"绘制 AP Div"命令，如图 2.9 所示。

移动鼠标到"文档"窗口，这时鼠标变成"+"形状，单击并拖动鼠标，即创建层，如图 2.10 所示。

图 2.9　"布局"工具栏

图 2.10　创建 AP Div 层

一个网页中可以包含多个层，而多个层之间的关系有重叠与嵌套。重叠就是位置上有重叠，但两个层相互独立，一个层发生变化时，不影响另外一个层；而嵌套时，子层会随着父层的某些属性的变化而变化，而父层不随子层发生变化。

嵌套层的创建有多种方法，其中的两种是：

1）将光标置于当前层中，执行"插入"菜单>"布局对象">"AP Div"命令。

2）执行"窗口"菜单>"AP 元素"命令，在打开的"AP 元素"面板中，按 Ctrl 键，将某一层拖动到另一层位置。

2. AP Div 的属性

可以对层的背景颜色、内容、层次等属性进行单独设置。设置层的属性时，首先要选中层。

单击层的边框，即可选择一个层，然后可以在层的"属性"面板中对层的属性进行设置，如图 2.11 所示。

图 2.11　AP Div 层的属性设置

在属性标签中，设置相应的参数。

■ 左、上：指定层在页面或在其父层中左边和顶部的距离，单位为像素（px）。

■ 宽、高：指定层的宽度和高度。

■ Z 轴：指定当前层在多层叠放中的顺序，层的 Z 值越大，层的位置越在上方。可以通过修改 Z 轴值来改变层的顺序。

■ 可见性：确定初始化时层是否可见。共有四种取值，分别是 inherit 表示继承父层的可见性属性；default 表示大多数浏览器会将其解释为 inherit；visible 表示显示层是否可见；hidden

表示隐藏层的内容，而不管其父层是否可见。

■ 溢出：用于设置当前层的内容超出层的大小范围后产生的结果。共有四种取值，visible 表示当层中包含的内容超出层时，层自动向下及向右扩大层的尺寸以容纳并显示层中的所有内容；hidden 表示保持层的尺寸不变，隐藏超出的部分，且不提供滚动条；scroll 表示在层中加入滚动条，无论层的内容是否超出层的范围；auto 表示层中的内容超过时自动添加滚动条。

■ 剪辑区的左、右、上、下：指定左、上、右和下坐标以在层的坐标空间中定义一个矩形（从层的左上角开始计算）。层将经过"裁剪"以使得只有指定的矩形区域才是可见的。例如，若要使层左上角的一个 50 像素宽、75 像素高的矩形区域可见而其他区域不可见，请将"左"设置为"0 像素"，将"上"设置为"0 像素"，将"右"设置为"50 像素"，将"下"设置为"75 像素"。

准备五 编辑 AP Div 层

1. 对齐 AP Div 层

选中需要对齐的多个 AP Div 层，执行"修改"菜单>"排列顺序"中的某项对齐命令。设定层的对齐方式时，以最后一个选中的层的上、下、左、右边界为对齐参考点。

2. 显示和隐藏 AP Div 层

执行"窗口">"AP 元素"命令，打开"AP 元素"面板，即控制面板，如图 2.12 所示。在"AP 元素"的眼形图标 列内单击可以更改其可见性。

■ 眼睛睁开表示层为显示层。

■ 眼睛闭合表示层为隐藏层。

■ 如果没有眼形图标，层通常会继承其父级的可见性。如果层没有嵌套，父级就是文档正文，而文档正文始终是可见的。另外，如果未指定可见性，则不会显示眼形图标（这在"属性"检查器中表示为"default"可见性）。

3. 将 AP Div 转换为表格

执行"修改">"转换">"将 AP Div 转换为表格"命令，弹出"将 AP Div 转换为表格"对话框，如图 2.13 所示。

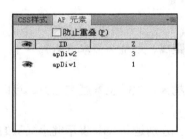

图 2.12 "AP 元素"面板

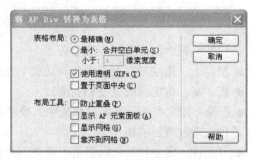

图 2.13 "将 AP Div 转换为表格"对话框

在弹出的对话框中指定下列任一选项，然后单击"确定"按钮。

■ 最精确：为每个 AP 元素创建一个单元格以及保留 AP 元素之间的空间所必需的任何附加单元格。

■ 最小：合并空白单元格： 指定若 AP 元素位于指定的像素数内，则应对齐 AP 元素的边缘。如果选择此选项，结果表中将包含较少的空行和空列，但可能不与精确的布局匹配。

■ 使用透明 GIFs：使用透明的 GIFs 填充表格的最后一行。这将确保该表在所有浏览器中以相同的列宽显示。

■ 置于页面中央：将结果表放置在页面的中央。如果禁用此选项，表将从页面的左边缘开始。

4. 将表格转换为层

执行"修改">"转换">"将表格转换为 AP Div"命令，在弹出的"将表格转换为 AP Div"对话框中根据需要选择相应选项。

准备六　使用 AP Div 层排版网页

AP Div 可以浮动在其他网页对象的上面，可以自由拖动位置。与其他网页元素不同的是，AP Div 还具有绝对定位的功能，设置其位置以后，这个 AP Div 层可以浮动在其他 AP Div 层的上面，不受其他层约束。针对这些特点，可以利用 AP Div 层来排版网页。

使用 AP Div 层来排版时，需要注意层的位置关系，避免因为浏览器窗体大小又发生改变时造成网页变形。

【例 2-2】　乐从文艺网站的艺苑博闻页面，利用表格和 AP Div 元素来排版网页，如图 2.14 所示。

图 2.14　网页样图

使用表格排版网页的方法见例 2-1。这里当制作到正文右边部分时，采用 AP Div 层排版，如图 2.15 所示。过程如下。

刘春草近照

图 2.15　AP Div 层排版效果图

1）在如图 2.7 所示正文右边最后一行中按 Enter 键若干下，以取得适当的行高度，用来绘制层，并将单元格的垂直对齐值设为"顶端"。

2）光标置于单元格中，执行"插入"菜单>"布局对象">"AP Div"命令，插入一个相对于单元格的嵌套层。层的"左"、"上"两项值为空（表示单元格内嵌套层），"宽"值为"745像素"，"高"值为"605 像素"。此层为父层。

3）光标置于父层中，执行"插入"菜单>"布局对象">"AP Div"命令，插入嵌套层 apDiv2。层的"左"、"上"两项值分别为"20 像素"、"0 像素"，层的"宽"、"高"两项值分别为"180像素"、"176 像素"。在层 apDiv2 中插入一个 2 行 1 列，宽度 100%的表格。

4）光标置于父层中，插入嵌套层 apDiv3。层的"左"、"上"两项值分别为"204 像素"、"0 像素"，层的"宽"、"高"两项值分别为"516 像素"、"176 像素"。

5）光标置于父层中，插入嵌套层 apDiv4。层的"左"、"上"两项值分别为"20 像素"、"180像素"，层的"宽"、"高"两项值分别为"700 像素"、"220 像素"。

6）光标置于父层中，插入嵌套层 apDiv5。层的"左"、"上"两项值分别为"20 像素"、"402像素"，层的"宽"、"高"两项值分别为"240 像素"、"200 像素"。

7）光标置于父层中，插入嵌套层 apDiv6。层的"左"、"上"两项值分别为"260 像素"、

"402 像素"，层的"宽"、"高"两项值分别为"220 像素"、"200 像素"。

8）光标置于父层中，插入嵌套层 apDiv7。层的"左"、"上"两项值分别为"480 像素"、"402 像素"，层的"宽"、"高"两项值分别为"240 像素"、"200 像素"。

完成层排版，效果如图 2.16 所示。

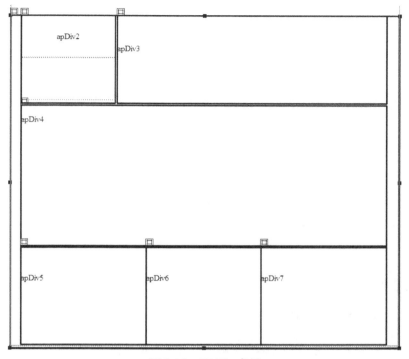

图 2.16　AP Div 布局

经过前面的知识准备，可以看出网页的布局和排版其实并不难，只要多练习，便可以做出既整齐又漂亮的网页。网站都是由多个页面组成的，很难想象一个网站只有一个页面的情况，但一般情况下，同一网站中的页面总会有多个相同的地方。接下来，通过网站中几个具有代表性页面的实现，来了解并掌握整个社团活动网站项目的制作过程。

任务一　制作"名家手笔"页面

任务目标　通过本次任务，将前面知识准备环节中所学到的表格排版技术进行实际的应用，掌握表格的插入、编辑、嵌套，体验表格在网页布局排版中的灵活应用，积累网页布局排版经验。

任务分析　图 2.4 所示的"名家手笔"页面在整个网站中具有代表性，其他各个页面基本与本页版面相似，完成了本页面的布局排版，则其他页面的布局排版也可得到解决。网页的上部、左部与主页面相似，而主页往往是网站中最难设计的一个页面，实现本页，也可视为对主页面的分步实现。

为此,需要将本页分成上、下两部分,用 A、B 表示。其中,B 部分又可分为左、右两部分,用 B1、B2 表示。根据例 2-1 可得布局如图 2.17 所示。

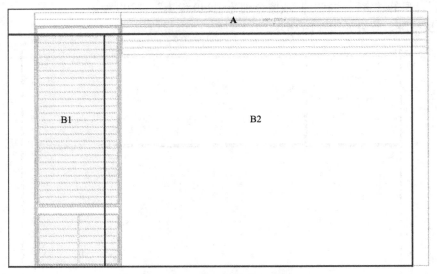

图 2.17 "名家手笔" 页面布局

任务步骤

在例 2-1 的基础之上,按下述步骤操作。

01 首先制作 A 部分。将光标置于第一行第一个单元格内,设置单元格的宽度为 "200 像素",接着单击常用工具栏中的 "图像" 图标,插入 "logo.gif" 图片。将第二行的两个单元格进行合并,把光标置于第二行单元格内,单击常用工具栏中的 "媒体:flash" 图标,插入 "11.swf" Flash 文件,效果如图 2.18 所示。

图 2.18 步骤 01 效果图

02 接着制作 B1 部分,将光标置于第一行单元格中,单击常用工具栏中的 "图像" 图标,插入 "a.jpg" 图片。将光标置于第二行单元格中,输入相应文字内容,并设定好文字的格式,效果如图 2.19 所示。

图 2.19 步骤 02 效果图

03 继续完成 B1 部分，将光标置于第三行单元格中，在单元格属性栏中设定单元格的高为"1"像素，背景颜色设为"#CCCCCC"，并在代码视图中删除当前单元格的空格符" "。将光标置于第四行单元格中，输入相应文字内容，并设定好文字的格式，操作界面如图 2.20 所示。

图 2.20 步骤 03 操作图

完成后，浏览效果如图 2.21 所示。

图 2.21　步骤 03 浏览效果图

04 继续完成 B1 部分，重复步骤 03，完成细线表格的制作和文字的输入，直至得到如图 2.22 所示效果。

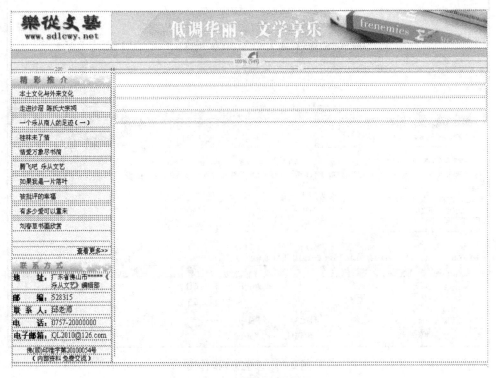

图 2.22　步骤 04 效果图

05 制作 B2 部分。在第一、二、三行中分别输入相应的文字，并设置好格式，得到如图 2.23 所示效果。

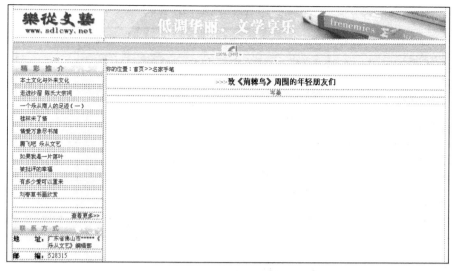

图 2.23　步骤 05 效果图

06 继续 B2 部分。将光标置入第四行中，将单元格的垂直对齐方式设为"顶端"，接着插入一个 1 行 1 列的表格，表格宽为"94%"，对齐方式为"居中"。再输入相应文字，调整好文字所处的位置后即可得到如图 2.24 所示效果。

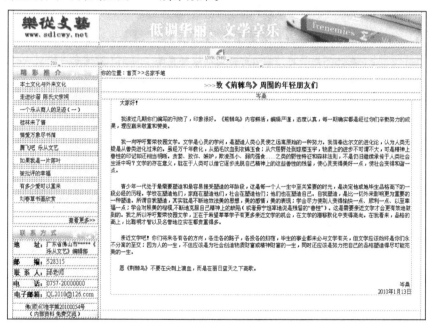

图 2.24　步骤 06 效果图

至此，该网页基本完成，请参照图 2.4 的样图检查完成效果。

任务检测与评估

任务完成后，请填写表 2.1，对自己的学习情况进行评估。

表 2.1 任务检测与评估表

检测项目		评分标准	分值	学生自评	教师评估
任务知识内容	表格的插入	熟练，一次性完成，得10分；一般熟练，反复操作后完成，得8分；询问，在别人指导下完成，得6分；未能完成，得0分	10		
	表格的编辑		10		
	表格的嵌套		10		
任务操作技能	站点的建立	按站点建立的要求，完成站点建立，得10分，错误一项扣2分	10		
	表格的布局准确性	每出现一处错误扣1分	10		
	网页元素的插入与格式化	美观且位置安排合理，不足一项扣2分	15		
	表格操作熟练度	8分钟内完成表格布局，得20分；每晚1分钟，扣1分	15		
	网页制作熟练度	40分钟内完成网页的制作，得20分	20		

任务二 制作"艺苑博闻"页面

任务目标 通过本次任务，将前面知识准备环节中所学到的 AP Div 层排版技术进行实际的应用，掌握 AP Div 层的插入、编辑、嵌套，体验 AP Div 层在网页布局排版中的灵活应用，积累网页布局排版经验。

任务分析 图 2.14 所示的"艺苑博闻"网页的上部、左部与任务一中的制作方法完全相同，在此不再讲述。右边部分为非规整页面，为此，尝试采用绘制 AP Div 层的方法来实现网页元素的布局，体验 AP Div 层在实际页面制作过程中的灵活运用。

根据例 2-2 可得如图 2.25 所示层绘制版面效果（网页顶部省略）。

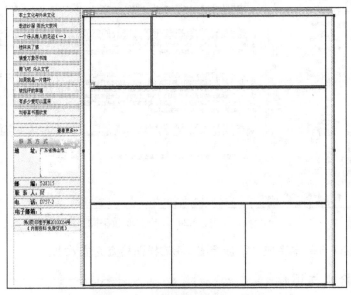

图 2.25 层绘制版面效果图

任务步骤

01 将光标置于 apDiv2 中表格的第二行单元格中，插入"01.jpg"图片，并将图片大小设置为合适值，如图 2.26 所示。

图 2.26　步骤 01 效果图

说明

图 2.25 中的 AP Div 层，主要是嵌套而成，父层为 apDiv1，其余从左至右，从上到下，各层依次为 apDiv2、apDiv3、apDiv4、apDiv5、apDiv6、apDiv7，参见图 2.16 所示。

02 将光标置于 apDiv3 中，插入一个 3 行 1 列的表格，表格宽度为"100%"，在各单元格中输入相应的文字并设置好文字格式，效果如图 2.27 所示。

图 2.27　步骤 02 效果图

03 将光标置于 apDiv4 中，插入一个 1 行 1 列的表格，表格宽度为"100%"，在单元格中输入相应的文字并设置好文字格式，效果如图 2.28 所示。

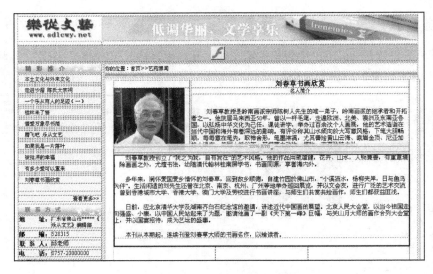

图 2.28 步骤 03 效果图

04 分别在 apDiv5、apDiv6、apDiv7 中插入一个 1 行 1 列的表格，表格宽度为"100%"，将各表格的各单元格的水平和垂直两个属性值都设为"居中"，然后分别插入对应的图片，并调整图片的大小，至此页面完成，效果如图 2.29 所示。

图 2.29 步骤 04 效果图

任务检测与评估

任务完成后，请填写表 2.2，对自己的学习情况进行评估。

表2.2 任务检测与评估表

	检测项目	评分标准	分值	学生自评	教师评估
任务知识内容	层的插入	熟练,一次性完成,得10分;一般熟练,反复操作后完成,得8分;询问,在别人指导下完成,得6分;未能完成,得0分	10		
	层的嵌套		10		
	层位置关系的设定		10		
任务操作技能	站点的建立	按站点建立的要求,完成站点建立,得10分,错误一项扣2分	10		
	层布局的准确性	每出现一处错误扣1分	15		
	网页元素的插入与格式化	美观且位置安排合理,不足一项扣2分	10		
	层操作熟练度	15分钟内完成层布局,得15分;每晚1分钟,扣1分	15		
	网页制作熟练度	40分钟内完成网页制作,得20分	20		

任务三 制作文学社团网站首页

任务目标　根据前面所完成任务的经验和所掌握的技能,完成网站首页的制作。在制作过程中,注意对比前述两个页面的版面设计和制作,了解网站中不同层级、不同页面的版面设计,提高网页版面的设计水平。

任务分析　本网站相对简单,网站中多部分页面的布局相似,且首页与子页也有很多共同点,运用表格排版页面的方法,应该就能很好的实现网站首页。但首页内容相对较多,需要注意页面内各元素位置的摆放,确保页面整齐、美观。

首页中的上部和左部已经在任务一中有详细的交待,这里的步骤主要描述网页的右部,即如图2.30所示框起来的A部分。

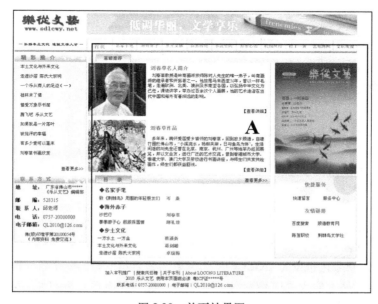

图2.30 首页效果图

任务步骤

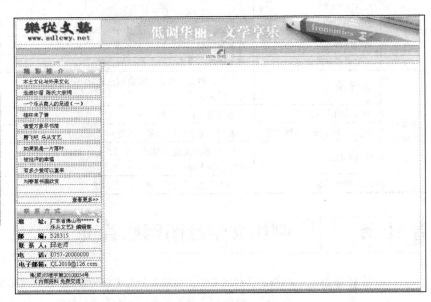

图 2.31　任务三效果图

01 将光标置于右边的空单元格中，将单元格的水平属性值设为"右对齐"，垂直属性值设为"顶端"，然后插入一个 2 行 1 列的表格，在第一行单元格中插入"05.jpg"图片，如图 2.32 所示。

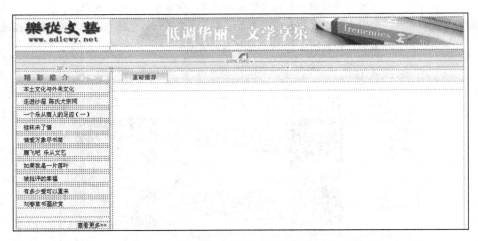

图 2.32　步骤 01 效果图

02 将光标置于第二行单元格中，将单元格的垂直属性值设为"顶端"，然后插入一个 3 行 3 列的表格，将第一行第一个和第三个单元格的背景色设为"#CCCCCC"，将第三行第一个和第三个单元格的背景色也设为"#CCCCCC"。接着再设定第一行第一个单元格的宽度值为"505 像素"，第二个单元格宽度为"12 像素"，并将第一、三行所有单元格的水平属性值和垂直属性值分别设为"居中"和"顶端"，效果如图 2.33 所示。

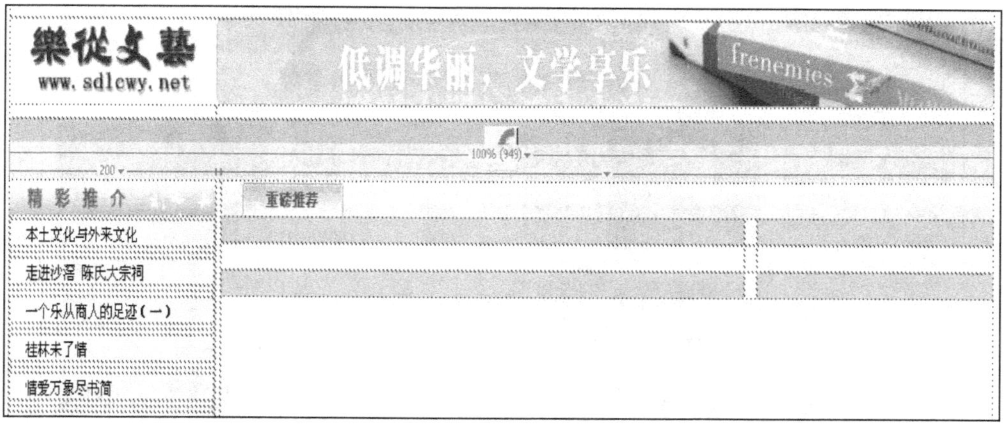

图 2.33　步骤 02 效果图

03 将光标置于空白行第一行第一个单元格中，插入 7 行 2 列的表格，表格宽设为"503像素"。选中新插入表格第一列前三行所有单元格，右击，在弹出的菜单中执行"表格">"合并单元格"命令，合并第一列前三行单元格，再选择第一列后三行所有单元格，同样选择"合并单元格"选项；选择新插入表格中所有单元格，设定单元格背景色为"#FFFFFF"。接着将光标置于步骤 02 中所插入表格的第一行第三个单元格中，插入一个 1 行 1 列的表格，表格宽设为"99%"，可得到如图 2.34 所示效果。

图 2.34　步骤 03 效果图

04 在步骤 03 中插入的各单元格中，输入相应的文字和插入相应的图片，并调整好相应格式，可得如图 2.35 所示效果。

图 2.35　步骤 04 效果图

05 选择步骤 02 插入的表格的第二行所有单元格，设定单元格"高"为"5 像素"，并删除各单元格中的空格，如图 2.36 所示。

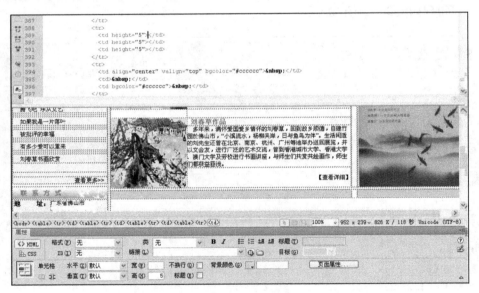

图 2.36　步骤 05 示范

06 将光标置入步骤 02 插入表格的第三行第一个单元格中，插入一个 10 行 2 列的表格，表格宽设为"503 像素"。选中所有单元格，将背景色设为"#FFFFFF"。合并第一行所有单元格，将合并后单元格的背景图片设为"20.jpg"图片，输入相应文字并设置好格式。在表格的单元格中设置背景图片需要在相应的单元格代码内输入"background="../images/20.jpg""。完成后，可得如图 2.37 所示效果。

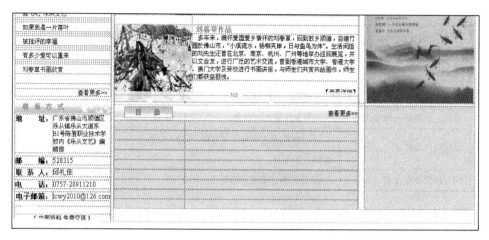

图 2.37　步骤 06 操作图

07 在步骤 06 中插入的表格的其他空白单元格中，输入相应的文字，并设置好格式，即可得如图 2.38 所示效果。

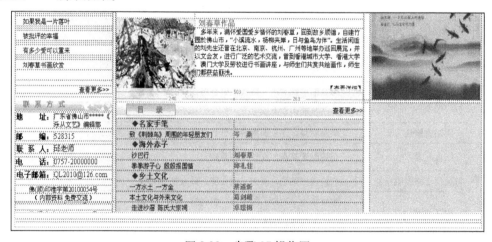

图 2.38　步骤 07 操作图

08 其他部分相对简单，请自行独立完成，完成后的效果如图 2.30 所示。

任务检测与评估

任务完成后，请填写表 2.3，对自己的学习情况进行评估。

表 2.3　任务检测与评估表

检测项目		评分标准	分值	学生自评	教师评估
任务知识内容	表格的嵌套	熟练，一次性完成，得满分；一般熟练，反复操作后完成，得 8 分；询问，在别人指导下完成，得 6 分；未能完成，得 0 分	10		
	单元格格式设定		10		
	单元格背景图片的设置、细线表格的制作		15		

续表

	检测项目	评分标准	分值	学生自评	教师评估
任务操作技能	站点的建立	按站点建立的要求，完成站点建立，得 5 分，错误一项扣 2 分	5		
	表格布局的准确性	每出现一处错误扣 1 分	15		
	网页元素的插入与格式化	美观且位置安排合理，不足一项扣 2 分	15		
	表格操作熟练度	25 分钟内完成表格布局，得 20 分；每晚 1 分钟，扣 1 分	10		
	网页制作熟练度	60 分钟内完成网页的制作，得 20 分	20		

项目评价

通过本项目各任务的学习，完成项目网站的制作。完成项目网站后，请认真填写表 2.4 以检查自己的学习情况。

表 2.4 项目检测与评估表

	检测项目	评分标准	分值	学生自评	教师评估
项目功能 （50 分）	首页	页面整齐，颜色及页面布局合理，导航清晰，链接正确	15 分		
	子页	各页面导航清晰，链接正确合理，页面布局合理，子页面内容充实	20 分		
	网站完整性	网站完整，各页面内容安排合理	15 分		
知识掌握 （30 分）	站点配置	正确配置站点，文件命名正确	5 分		
	运用表格排版布局	表格使用熟练，嵌套正确合理，页面整齐清晰	15 分		
	AP Div 排版布局	熟练掌握 AP Div 的使用，布局整齐合理，窗体大小改变不影响显示效果	10 分		
技能熟练程度及解决问题能力（20 分）	页面排版熟练掌握	全站 240 分钟完成，各页面链接正常，版面无错漏	10 分		
	Dreamweaver CS4 的基本操作的掌握	通过本项目的学习，掌握 Dreamweaver CS4 的基本操作并能熟练使用	10 分		

项目三　创建某校内学习交流网站页面

项目说明

本项目所涉及的网站是一个打算改版的学习、交流类网站——校内学习交流网。改版的流程为先用原来的网页做一套模板，然后用做好的模板来快速生成其他页面，同时为了让新版网页更有新意，在新版网页中加入统一的背景音乐、视频、Flash动画等多媒体元素，从而完成整个网站新版页面的制作。

准备一　创建模板

准备二　编辑和更新模板

准备三　模板的应用

准备四　创建并应用库

准备五　插入视频

准备六　插入背景音乐

准备七　插入 Flash 影片

任务一　制作网站模板

任务二　用模板生成网站网页

任务三　在网页中插入视频

任务四　在网页中插入 Flash

任务五　在网页中插入背景音乐

技能目标

1. 掌握 Dreamweaver 模板的创建和使用方法，使用模板快速制作网页。

2. 初步掌握如何在网页中插入视频、音频、Flash 等多媒体元素。

准备一 创建模板

Dreamweaver 模板是一种特殊类型的文档，用于设计固定的页面布局。模板创作者在模板中设计固定的页面布局，然后创作者在模板中创建可在基于该模板的文档中进行编辑的区域。

模板最强大的用途之一在于可一次更新多个页面。通过模板创建的文档与该模板保持链接状态，修改该模板可立即更新基于该模板的所有文档中的设计。

1. 在 Dreamweaver 中创建网页模板

创建模板一般有两种方法：

1）直接打开，用"另存为"的方式创建模板。

■ 执行"文件">"另存为模板"命令。

■ 在 Dreamweaver "插入"工具栏选择"常用"选项卡，单击"模板" 旁的下拉按钮，然后选择"创建模板"选项，如图 3.1 所示。

图 3.1 创建模板

■ 在弹出的"另存模板"对话框中输入模板的名称为 index，如图 3.2 所示。

> **小贴士**
>
> Dreamweaver 将模板文件保存在站点的本地根文件夹中的 Templates 文件夹中，使用文件扩展名".dwt。"

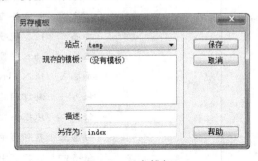

图 3.2 另存模板

2）使用"资源"面板创建新模板。

■ 在"资源"面板（"窗口">"资源"）中，单击面板左侧的"模板" 类别按钮，即会显示"资源"面板的模板类别。

■ 单击"资源"面板底部的"新建模板" 按钮。一个新的、无标题模板将被添加到"资源"面板的模板列表中。

■ 在模板仍处于被选定状态时，输入模板的名称，然后按 Enter 键。Dreamweaver 则在"资源"面板和 Templates 文件夹中创建一个新的空模板。

2. 可编辑区域

1）创建可编辑区域。

■ 在"文档"窗口中，选择想要设置为可编辑区域的文本或内容（或将插入点放在想要插入可编辑区域的位置）。

■ 在 Dreamweaver "插入"工具栏中选择"常用"选项卡，单击"模板" 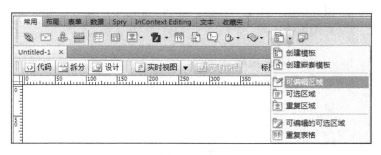 上的下拉按钮，然后选择"可编辑区域"选项，如图 3.3 所示。

小贴士

不要在"名称"文本框中使用特殊字符，不能对特定模板中的多个可编辑区域使用相同的名称。

图 3.3　插入可编辑区域

■ 在"新建可编辑区域"对话框的"名称"文本框中为该区域输入唯一的名称。

■ 单击"确定"按钮，则可编辑区域在模板中由高亮显示的矩形边框围绕。

2）选择可编辑区域。

在模板文档和基于模板的文档中，都可以容易地标识和选择模板区域。在"文档"窗口中选择一个可编辑区域，单击可编辑区域左上角的选项卡。

3）删除可编辑区域。

■ 单击可编辑区域左上角的选项卡并将其选中。

■ 执行"修改">"模板">"删除模板标记"命令（或右击，在弹出的菜单中执行"模板">"删除模板标记"。现在，该区域不再是可编辑区域。

4）更改可编辑区域的名称。

单击可编辑区域左上角的选项卡并将其选中，然后在"属性"检查器（"窗口">"属性"）中输入一个新名称，按 Enter 键，Dreamweaver 即将新名称应用于可编辑区域。

3. 重复区域

模板用户可以使用重复区域在模板中复制任意次数的指定区域。重复区域不是可编辑区域，若要使重复区域中的内容可编辑，必须在重复区域内插入可编辑区域。

1）在模板中创建重复区域。

■ 选择想要设置为重复区域的文本或内容（或将插入点置于文档中想要插入重复区域的地方）。

■ 在"插入"栏的"常用"类别中，单击"模板"上的下拉按钮，然后选择"重复区域"选项，如图 3.3 所示。

■ 在出现的"新建重复区域"对话框中的"名称"文本框中，为模板区域输入唯一的名称，并单击"确定"按钮，重复区域则被插入到模板中。

注意

命名区域时，不要使用特殊字符。不能对一个模板中的多个重复区域使用相同的名称。重复区域在基于模板的文档中是不可编辑的，除非其中包含可编辑区域。

2）插入重复表格。

■ 在"文档"窗口中，将插入点放在文档中想要插入重复表格的位置。

■ 执行"插入">"模板对象">"重复表格"命令（或在"插入"工具栏中选择"常用"

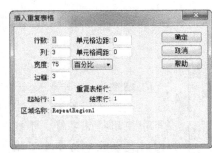

图 3.4 插入重复表格

选项卡，单击"模板"上的下拉按钮，然后选择"重复表格"选项）。

■ 在弹出的"插入重复表格"对话框中按需要输入新值，单击"确定"按钮，如图 3.4 所示，重复表格即出现在模板中。

4. 可选区域

使用可选区域可以控制不一定在基于模板的文档中显示的内容。

1）插入可选区域。

■ 在"文档"窗口中，选择想要设置为可选区域的元素。

■ 执行"插入" > "模板对象" > "可选区域"命令，或右击，执行"模板" > "新建可选区域"命令，或在"插入"栏的"常用"类别中，单击"模板"上的下拉按钮，然后选择"可选区域"选项。

■ 在出现"新建可选区域"对话框中为可选区域指定选项，单击"确定"按钮。

2）插入可编辑的可选区域。

■ 在"文档"窗口中，将插入点置于要插入可选区域的地方。

■ 执行"插入" > "模板对象" > "可编辑的可选区域"命令，或在"插入"栏的"常用"类别中，单击"模板"上的下拉按钮，然后选择"可编辑可选区域"选项。

■ 在出现"新建可选区域"对话框中为可选区域输入名称，单击"确定"选项。

> **小贴士**
>
> 不能以环绕选定内容的方式来创建可编辑的可选区域。应插入可选区域，然后在该区域内插入内容。

3）修改可选区域。

■ 在"文档"窗口的"设计"视图中，单击要修改的可选区域的模板选项卡（或将插入点置于模板区域中，然后在"文档"窗口底部的标签选择器中选择模板标签 <mmtemplate:if>），或在"代码"视图中，单击想要修改的模板区域的注释标记。

■ 在"属性"检查器（"窗口" > "属性"）中单击"编辑"选项，出现"新建可选区域"对话框，按需要进行更改，单击"确定"按钮。

5. 创建嵌套模板

嵌套模板可以创建基本模板的变体，可以通过保存一个基于模板的文档，然后将该文档另存为一个新模板来创建嵌套模板，通过嵌套多个模板可以定义更加精确的布局。

1）若要从想作为嵌套模板的基础模板中创建一个文档，请执行以下操作：

■ 在"资源"面板的"模板"类别中，右击要作为创建新文档基础的模板，并在弹出的菜单中选择"从模板新建"选项。

■ 执行"文件" > "新建"命令。在"新建文档"对话框中，单击"模板"选项卡，然后选择包含要使用的模板的站点；在文档列表中双击该模板以创建新文档。

2）若要将新文档另存为嵌套模板，执行"文件" > "另存为模板"命令（或在"插入"栏的"常用"类别中，单击"模板"上的下拉按钮，然后选择"创建嵌套模板"选项）。在"另存为"文本框中输入名称，然后单击"确定"按钮。

准备二　编辑和更新模板

1．打开要编辑的模板

1）打开并编辑模板文件。

■ 在"资源"面板（"窗口"＞"资源"）中，选择面板左侧的"模板"类别。"资源"⊞面板列出站点可用的所有模板并显示选定模板的预览。

■ 在可用模板列表中，双击要编辑的模板名称（或选择要编辑的模板，然后单击"资源"面板底部的"编辑"按钮。⊞模板在"文档"窗口中打开），根据需要修改模板的内容。

■ 保存该模板，Dreamweaver 提示更新该模板的页面，单击"更新"按钮来更新修改后的模板的所有文档。

2）打开并修改附加到当前文档的模板。

■ 在"文档"窗口中打开基于该模板的文档。

■ 执行"修改"＞"模板"＞"打开附加模板"命令（或单击，在弹出的菜单选择"模板"＞"打开附加模板"选项），根据需要修改模板的内容。

■ 保存该模板，Dreamweaver 提示更新该模板的页面，单击"更新"按钮来更新修改后的模板的所有文档；如果不想更新修改后的模板文档，请单击"不更新"按钮。

2．手动更新基于模板的文档

■ 若要将模板更改应用于当前基于模板的文档，首先在"文档"窗口中打开该文档，然后执行"修改"＞"模板"＞"刷新当前页"命令。

■ 若要更新整个站点或所有使用指定模板的文档，执行"修改"＞"模板"＞"更新页面"命令，即会出现"更新页面"对话框，完成此对话框，然后单击"开始"。

3．管理模板

使用"资源"面板的"模板"类别可以管理现有模板，包括重命名模板文件和删除模板文件。

1）重命名模板。

■ 在"资源"面板（"窗口"＞"资源"）中，选择面板左侧的"模板"⊞类别。

■ 重命名。单击模板的名称以选择该模板。

■ 再次单击模板的名称以便使文本可选，然后输入一个新名称。

■ 在"资源"面板中的另一个区域中单击，或者按 Enter 键使更改生效。

■ Dreamweaver 将询问是否要更新此模板的文档。若要更新站点中所有此模板的文档，请单击"更新"按钮。

2）删除模板文件。

■ 在"资源"面板（"窗口"＞"资源"）中，选择面板左侧的"模板"⊞类别。

> **小贴士**
>
> 不要双击该名称，因为这样会打开模板进行编辑。

> **小贴士**
>
> 一旦删除模板文件，该模板文件将从站点中被删除，基于已删除模板的文档不会与此模板分离，它们保留该模板文件在被删除前所具有的结构和可编辑区域。

■ 重命名。单击模板的名称以选择该模板。

■ 单击面板底部的"删除" 🗑 按钮，然后确认要删除该模板。

准备三 模板的应用

之所以使用模板，是出于两个目的，一个是统一网站风格，另外一个就是利用模板快速制作网页。在使用模板制作网页的过程中，根据规划，只要更改可编辑区域即可。

1. 根据模板新建页面

1）执行"文件">"新建">"模板中的页"命令，再从弹出的"模板中的页"对话框中的模板列表中选取模板，出现的新页面中除可编辑区域外均有淡黄色背景，是不能进行修改的部分。

2）空白的可编辑区域可直接进行插入表格、文字、图片等操作。

2. 对一个已经有内容的页面应用模板

执行"修改">"模板">"应用模板到页"命令，在弹出的"选择模板"对话框中选择已经定义好的模板。

【例3-1】 首先新建一个普通页面，输入："***网站欢迎您!"，执行"修改">"模板">"应用模板到页"命令，选择模板"test"选项，而现有内容保存区域选择"Main"选项，单击"确认"按钮后可看到页面自动变成了模板页面的形式，而"***网站欢迎您!"这一行字就出现在主编辑窗口中。

准备四 创建并应用库

库是一种特殊的 Dreamweaver 文件，其中包含已创建且便于放在 Web 页上的单独的资源或资源副本的集合，库里的这些资源称为库项目。每当更改某个库项目的内容时，可以更新所有使用该项目的页面。可以在库中存储各种各样的页面元素，如图像、表格、声音和 Flash 文件。

假定某公司正在建立一个大型站点。公司想让其广告语出现在站点的每个页面上，但是销售部门还没有最后确定广告语的文字。如果创建一个包含该广告语的库项目并在每个页面上使用，那么当销售部门提供该广告语的最终版本时，可以更改该库项目并自动更新每一个使用它的页面。

Dreamweaver 将库项目存储在每个站点的本地根文件夹内的 Library 文件夹中。每个站点都有自己的库。

1. 创建库项目

可以用文档中的 body 部分中的任意元素来创建库项目，这些元素包括文本、表格、表单、Java Applet、插件、ActiveX 元素、导航条和图像。

对于链接项（如图像），库只存储对该项的引用。原始文件必须保留在指定的位置，才能使库项目正确工作。

1）基于选定内容创建库项目。

■ 在"文档"窗口中，选择文档的一部分并另存为库项目。

■ 将选定内容拖到"资源"面板（"窗口"＞"资源"）的"库"类别中，或在"资源"面板（"窗口"＞"资源"）中，单击"资源"面板的"库"类别底部的"新建库项目"⊞按钮，或执行"修改"＞"库"＞"增加对象到库"命令。

■ 为新的库项目输入一个名称，然后按 Enter 键。Dreamweaver 在站点本地根文件夹内的 Library 文件夹中，将每个库项目都保存为一个单独的文件（文件扩展名为".lbi"）。

2）创建一个空白库项目，请执行以下操作：

■ 确保没有在"文档"窗口中选择任何内容。如果选择了内容，则该内容将被放入新的库项目中。

■ 在"资源"面板（"窗口"＞"资源"）中，选择面板左侧的"库"⊞类别。

■ 单击"资源"面板底部的"新建库项目"⊞按钮。一个新的、无标题的库项目将被添加到面板中的列表。

■ 在项目仍然处于被选定状态时，为该项目输入一个名称，然后按 Enter 键。

2. 在文档中插入库项目

当向页面添加库项目时，将把实际内容以及对该库项目的引用一起插入到文档中。

■ 将插入点置于"文档"窗口中。

■ 在"资源"面板（"窗口"＞"资源"）中，选择面板左侧的"库"⊞类别。

■ 将一个库项目从"资源"面板拖动到"文档"窗口中，选择一个库项目，然后单击面板底部的"插入"按钮。

3. 编辑库项目

当编辑库项目时，可以更新使用该项目的所有文档。如果选择不更新，那么文档将保持与库项目的关联；可以之后将其更新。

对库项目的其他种类的更改包括：重命名项目以断开其与文档或模板的链接，从站点的库中删除项目，以及重新创建丢失的库项目。

1）编辑库项目。

■ 在"资源"面板（"窗口"＞"资源"）中，选择面板左侧的"库"⊞类别。

■ 选择库项目。库项目的预览出现在"资源"面板的顶部。

■ 单击面板底部的"编辑"✐按钮，或双击库项目。

■ 编辑库项目然后保存更改。

■ 在出现的对话框中，选择是否更新本地站点上那些使用编辑过的库项目的文档。

2）重命名库项目。

■ 在"资源"面板（"窗口"＞"资源"）中，选择面板左侧的"库"类别。

■ 选择要重命名的库项目，单击"暂停"按钮，然后再次单击。

■ 当名称变为可编辑时，输入一个新名称。

■ 单击别处或者按 Enter 键。

3）从库中删除库项目。

■ 在"资源"面板（"窗口"＞"资源"）中，选择面板左侧的"库"类别。

■ 选择要删除的库项目。

■ 单击面板底部的"删除"按钮，然后单击"确认"按钮，删除该项目（或按"Delete"键，然后单击"确认"按钮，删除该项目）。

4）重新创建丢失或已删除的库项目。

■ 在某个文档中选择该项目的一个实例。

■ 在"属性"检查器（"窗口">"属性"）中单击"重新创建"按钮。

准备五 插 入 视 频

在 Dreamweaver 文档中插入 Flash 影片或对象、QuickTime 或 Shockwave 影片、Java Applet、ActiveX 控件或者其他音频或视频对象。

1. 在页面中插入媒体对象

1）将插入点置于"文档"窗口中所希望插入该对象的位置。

2）在"插入"工具栏的"常用"选项卡中，单击"媒体"按钮，从弹出的下拉列表中选择要插入的对象类型，如图 3.5 所示。

3）完成"选择文件"或"插入 FLV"对话框的参数设置，如图 3.6 所示。

4）单击"确定"按钮，媒体对象随即出现在文档中。

图 3.5　插入 FLV 视频

图 3.6　"插入 FLV"参数对话框

2. 添加视频

1）将剪辑放入站点文件夹。这些剪辑通常采用 AVI 或 MPEG 文件格式。

2）链接到剪辑，或将其嵌入到页面中。

准备六 插入背景音乐

网页背景主要通过给<body>标签添加"行为"来实现，具体给网页添加背景音乐过程见例 3-2。

【例 3-2】　给网页添加背景音乐，使其在网页加载时自动播放。

1）打开一个网页文档，在文档左下角的"标签选择器"中选择<body>标签，如图 3.7 所示。

图 3.7　选择<body>标签

2）打开行为面板，单击"＋"按钮添加行为，如图 3.8 所示。

3）执行"～建议不再使用">"播放声音"命令，如图 3.9 所示。

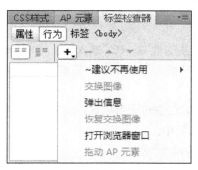

图 3.8　添加行为　　　　　　　　　　图 3.9　"播放声音"命令

4）选择声音文件。一个网页的背景音乐就添加好了。

5）修改所插入的背景音乐的各项属性，在文档中选择背景音乐的图标。

6）在"属性"检查器中单击"参数"按钮，如图 3.10 所示。

图 3.10　"插入声音"的属性

7）修改参数"autostart"值为"true"，如图 3.11 所示，则背景声音添加全部完成。

图 3.11　修改的参数

准备七　插入 Flash 影片

1. 插入 Flash 内容

可以使用 Dreamweaver 将 Flash 内容插入到页面中。

1）在"文档"窗口的"设计"视图中，将插入点置于要插入影片的地方，然后执行以下操作之一：

■ 在"插入"工具栏的"常用"选项卡中，选择"媒体"选项，然后单击"插入 Flash" ⊙ 图标。

■ 执行"插入">"媒体">"Flash"命令。

2）在显示的对话框中，选择一个 Flash 文件（扩展名为".swf"）。

2. 插入 Flash 元素

1）在"文档"窗口中，将插入点置于要插入 Flash 元素的地方，在"插入"栏的"Flash 元素"类别中，单击要插入的 Flash 元素的图标，或执行"插入">"Flash 元素">"Flash 元素名称"命令。

2）为 Flash 元素输入一个文件名，然后将其保存到站点中的适当位置。

3）单击"确定"按钮，Flash 元素占位符即出现在文档中。

4）执行"文件">"在浏览器中预览"命令，预览 Flash 元素。

任务一 制作网站模板

■ 任务目标 制作"校内学习交流网"模板，进而掌握 Dreamweaver 模板的制作。

■ 任务分析 图 3.12～图 3.15 是校内学习交流网的四个主要页面"主页（index.html）"、"智慧宝典（wise.html）"、"成长顾问（advisor.html）"、"学友部落（club.html）"的截图，通过这四个图，可以发现，"校内学习交流网"是一个富有青春活力而且风格严谨的网站，每个页面风格统一，非常适合使用模板来实现。

模板就是一个快速制作风格相似、结构一致的网页工具，它分为可编辑部分和不可编辑部分。

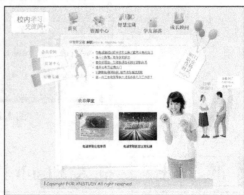

图 3.12　主页截图（index.html）　　图 3.13　智慧宝典截图（wise.html）

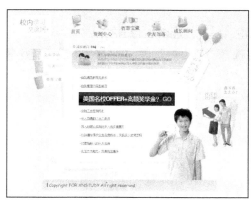 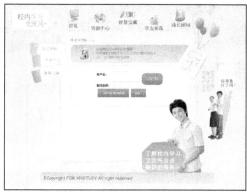

图 3.14　成长顾问截图（advisor.html）　　　　图 3.15　学友部落截图（club.html）

Dreamweaver 制作网页模板将内容不变的、结构一致的部分作为模板的不可编辑区域，而每个网页不同的、变化的部分则做成可编辑区域。定义可编辑区域和不可编辑区域是模板制作的关键，而网页模板则是整个网站制作的关键。

任务步骤

在给定非模板化的主页 index.html 的基础上进行模板制作。需要对 index.html 执行"保存为模板"＞"重建模板结构"＞"定义可编辑区域"＞"完成模板制作"命令，现将这些操作分解为四个步骤来。

01 打开 index.html 页面。

打开 Dreamweaver，建立"项目三"站点，并打开 index.html 页面，如图 3.16 所示。

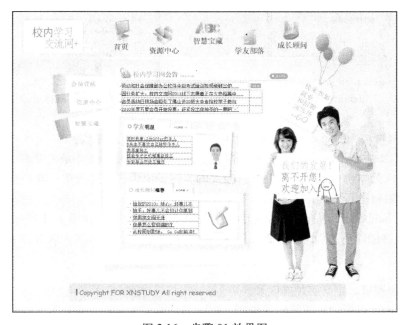

图 3.16　步骤 01 效果图

02 生成网页模板。

单击菜单项"文件",选择"另存为模板(M)",如图 3.17 所示。

在弹出的"另存模板"对话框中,站点选择"项目三",在"另存为"文本框中输入模板名字"template1",如图 3.18 所示。

图 3.17　"另存为模板"菜单

图 3.18　"另存为模板"对话框

在随后出现的"Dreamweaver"提示框中,选择"是",如图 3.19 所示。

这时 Dreamweaver 会将模板自动保存到站点的"Templates"目录下,如图 3.20 所示。

图 3.19　"Dreamweaver"提示框

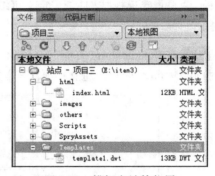

图 3.20　模板存放的位置

03 编辑模板,清除可编辑区原有内容,对网页内容进行重构。

对于步骤 01 中创建的模板,有些内容是不变的,需要保留。有些是可变的,要设置为可编辑区域,但是因为本例中是使用表格进行布局的,对于使用表格进行布局的网页,在模板化的过程中必须对表格进行重构,才不致于整个表格失控。

选择网页 index.html 中计划作为可编辑区域的部分 table_01,如图 3.21 所示。

按 Delete 键清除所选内容,并单击"合并单元格"选项,将所选内容合并为一个单元格,如图 3.22 所示。

04 编辑模板,定义可编辑区域。

Dreamweaver 模板中如不作特殊说明,默认都是不可编辑的,即为不可编辑区域。因此,要想制作的模板能为不同的页面所用,必须定义可编辑区域。

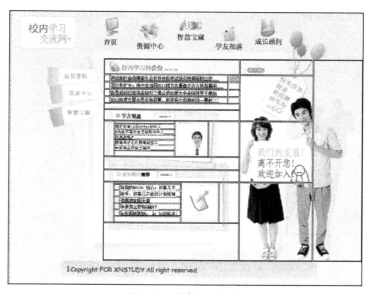

图 3.21 选择 table_01

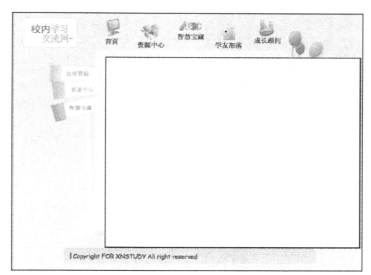

图 3.22 删除合并后的 table_01

在 Dreamweaver 工具栏中选择"常用"选项卡，执行"模板">"可编辑区域"命令，如图 3.23 所示。

图 3.23 选择"可编辑区域"菜单

在弹出的"新建可编辑区域"对话框中定义可编辑区域的名称为"EditRegion1",如图 3.24 所示。

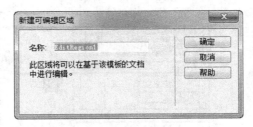

图 3.24 新建可编辑区域

其最终结果如图 3.25 所示。

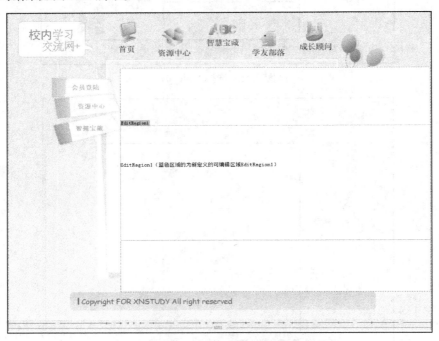

图 3.25 任务一最终结果

任务检测与评估

任务完成后,请填写表 3.1,对自己的学习情况进行评估。

表 3.1 任务检测与评估表

检测项目		评分标准	分值	学生自评	教师评估
任务知识内容	制作模板	熟练,一次性完成,得 10 分;一般熟练,反复操作后完成,得 8 分;询问,在别人指导下完成,得 6 分;未能完成,得 0 分	10		
	编辑模板		10		

续表

	检测项目	评分标准	分值	学生自评	教师评估
任务操作技能	站点的建立	按站点建立的要求，完成站点建立，得10分，错误一项扣2分	10		
	利用表格制作模板网页	40分钟内完成网页的制作，得20分	30		
	正确地保存网页为模板	美观且位置安排合理，不足一项扣5分	20		
	合理地设置可编辑区域	10分钟内完成可编辑区的设置，得20分；每晚1分钟，扣2分	20		

任务二　用模板生成网站网页

■ **任务目标**　利用任务一生成的模板来制作网站的首页、智慧宝藏、成长顾问、学友部落等页面。

■ **任务分析**　通过任务一的分析，校内交流学习网的四个主要网页，分别为主页（index.html）、智慧宝藏（wise.html）、成长顾问（advisor.html）、学友部落（club.html）。这些网页风格一致，布局相似，因此都可以用template1模板来制作。

任务步骤

实现步骤主要分三步，首先利用template1模板生成所要制作的网页的主体部分，然后在模板的可编辑区域插入每个网页特有的布局表格，最后在布局表格的基础上插入内容元素。其元素通常为图片、文字或视频等，从而完成整个网页的制作。

01 应用模板，新建主页（index.html）。

利用任务一中建立的template1模板来制作主页index.html。执行"文件">"新建"命令，在"新建文档"对话框中选择"模板中的页"，在"站点"中选择"项目三"，在"站点项目三的模板"中选择"template1"，单击"创建"按钮，如图 3.26 所示。

图3.26　利用template1模板新建文档

02 利用表格对主页的可编辑区进行布局。

单击"常用"工具栏的"表格"按钮，插入一个1行3列的表格，如图3.27所示。

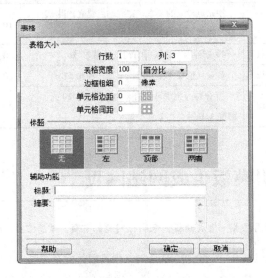

图3.27 插入1行3列的表格

然后将大表格的第一列拆分成10行，在第一列第三行插入一个4行1列的表格，之后再插入如图3.28所示的表格。

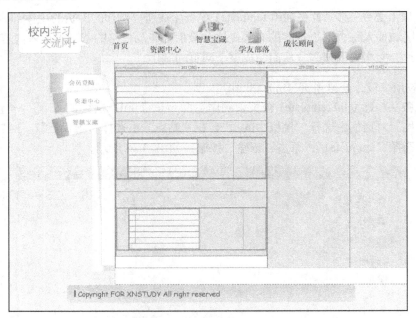

图3.28 插入表格后的布局

03 填充文字、图片等网页内容元素。

在步骤02的表格布局的基础上，根据所给的效果图及素材，填充文字、图片等网页元素，进行适当调整，初步完成主页的设计。完成填充后的效果如图3.29所示。

图 3.29　填充文字和内容后可编辑区域

04 保存网页到项目三站点下的 html 文件来下，文件名为 index.html。

05 重复步骤 01～04，完成其他三个网页，即智慧宝藏（wise.html）、成长顾问（advisor.html）、学友部落（club.html）的制作。

完成后的效果如图 3.30～图 3.32 所示。

图 3.30　重建后的智慧宝藏网页

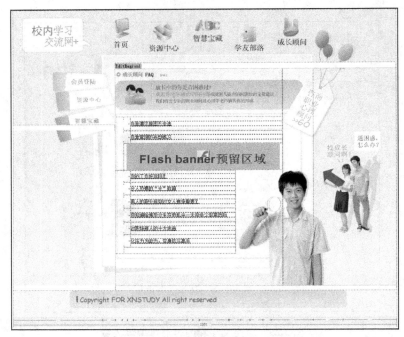

图 3.31　重建后的成长顾问网页

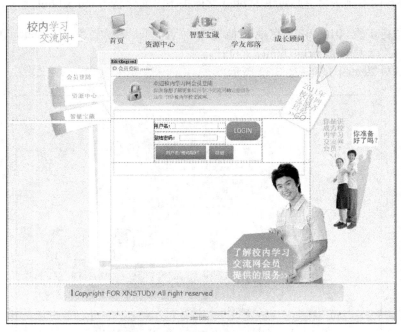

图 3.32　重建后的学友部落网页

任务检测与评估

任务完成后，请填写表 3.2，对自己的学习情况进行评估。

表 3.2　任务检测与评估表

	检测项目	评分标准	分值	学生自评	教师评估
任务知识内容	掌握使用模板制作网页的方法	完成使用模板生成新的网页，得 10 分；询问、在别人帮助下完成的，得 6 分；未能完成的，得 0 分	10		
任务操作技能	利用模板生成新的网页	在 6 分钟内完成任务的，得 10 分，每增加 1 分钟，扣 2 分	10		
	利用表格布局新网页的可编辑区域	准确、合理、及时地完成网页的插入，确保表格的行、列适合后面内容布局的需要，美观，易调整。达到上述要求，并在 20 分钟内完成，得 30 分，时间每增加 1 分钟，扣 5 分；有表格布局，但不合理，得 18～24 分；表格布局合理，但是调整欠精准的，得 24～27 分；没有表格的，得 0 分	30		
	填充文字、图片等其他网页元素	能根据所给效果图，利用所给素材，在表格布局的基础上完成主页其他元素的填充，准确、到位，实现效果图的，在 20 分钟完成的得 20 分，每增加 1 分钟，扣 2 分；只有文字，或内容不完整的，得 12～16 分；无任何内容的，得 0 分	20		
	完成其他三个网页的制作	能根据效果图完成三个的，时间在 30 分钟内的，得 30 分；完成一个以上的，得 18～27 分；只完成一个的，得 15 分；做一个，但没完成的，得 5 分；三个都有做，得 0 分	30		

任务三　在网页中插入视频

■ 任务目标　学会使用 Dreamweaver 给网页添加视频。

■ 任务分析　通过前面的任务一、任务二以及网页模板的引入和应用，已经基本完成了整个网站的制作，但是通过对比分析，发现智慧宝藏网页（wise.html）中的"求职学堂"栏目应用视频会更能为访问者提供帮助，因此打算在这个栏目中添加两个滚动更新的视频内容。

任务步骤

01 打开智慧宝藏（wise.html）网页。

选择站点项目三，打开 wise.html，并将光标定位到"求职学堂"栏目，如图 3.33 所示。

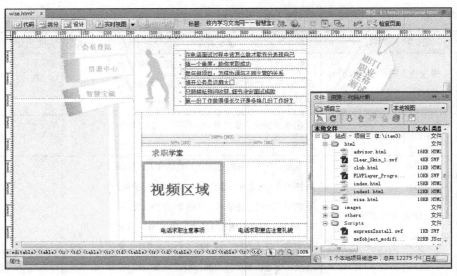

图 3.33　打开智慧宝藏网页

图 3.34　选择插入 FLV 视频的菜单

02 选择要插入视频的类型,这里以 FLV 为例。

单击"常用"工具栏中的"媒体"下拉按钮,在弹出的菜单中选择视频类型为 FLV,如图 3.34 所示。

03 选择要插入的网页的视频。

在弹出的"插入 FLV"对话框中单击"浏览"按钮,在弹出的"选择 FLV"对话框中,选择名为"wise3.flv"的文件后单击"确定"按钮,如图 3.35 所示。

图 3.35　选择要插入的视频

04 设置已插入网页的视频。

根据表格的大小，将视频文件的大小设置为"160×120"，如图 3.36 所示。

图 3.36　设置插入视频的参数

成功插入 wise.flv 视频后的 wise.html 如图 3.37 所示。

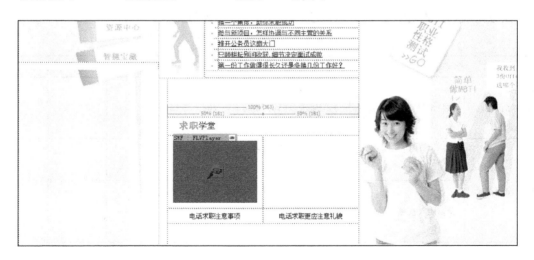

图 3.37　插入视频后的效果图

05 重复步骤 01～04，完成另外一个视频的插入操作，最终的效果如图 3.38 所示。

图 3.38 任务三最终效果图

任务检测与评估

任务完成后，请填写表 3.3，对自己的学习情况进行评估。

表 3.3 任务检测与评估表

检测项目		评分标准	分值	学生自评	教师评估
任务知识内容	掌握在网页中插入视频	独立完成在网页中插入视频的操作，得 20 分；询问、在别人帮助下完成的，得 12 分；未能完成的，得 0 分	20		
任务操作技能	插入视频	在 10 分钟内完成任务的，得 50 分，每增加 1 分钟，扣 10 分	50		
	设置插入视频的属性	按指定要求设置视频属性的，5 分钟内完成的，得 30 分，每增加 1 分钟，扣 10 分；未按指定要求设置的，得 0 分	30		

任务四 在网页中插入 Flash

任务目标 学会利用 Dreamweaver 给网页添加 SWF 格式的 Flash 动画。

任务分析 给成长顾问网页（advisor.html）添加 Flash 格式的 banner 广告。

任务步骤

本次任务的主要目标是给"成长顾问"网页（advisor.html）中添加 SWF 格式的 Flash banner，即动画广告。

01 打开"成长顾问"网页（advisor.html）。

在项目三站点打开 advisor.html，并将光标置于 Flash banner 预留的单元格，如图 3.39 所示。

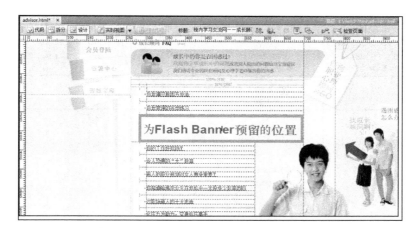

图 3.39　打开"成长顾问"网页

02 选择要插入媒体的类型为 SWF 视频格式。

单击"常用"工具栏中的"媒体"下拉按钮，在弹出的菜单中选择视频类型"SWF"，如图 3.40 所示。

03 选择要插入网页的 Flash。

在弹出的"选择文件"对话框中，选择"others"目录中的"pop.swf"文件，并单击"确定"按钮，如图 3.41 所示。

图 3.40　选择插入 SWF 视频的菜单

图 3.41　选择要插入的 SWF 格式的 FLASH

图 3.42 设置插入的 Flash 标题

04 在弹出的"对象标签辅助功能属性"对话框中，设置 Flash 的标题为"Flash banner 广告"，如图 3.42 所示。

05 设置已插入网页的 Flash 参数。

根据表格的大小，将 Flash 文件的大小设置为"400×72"，如图 3.43 所示。

成功插入 pop.swf 视频后的 advisor.html，如图 3.44 所示。

图 3.43 设为插入的 Flash 参数

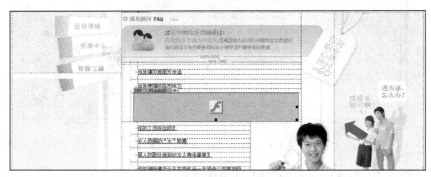

图 3.44 插入 Flash 后的效果图

其最终的效果如图 3.45 所示。

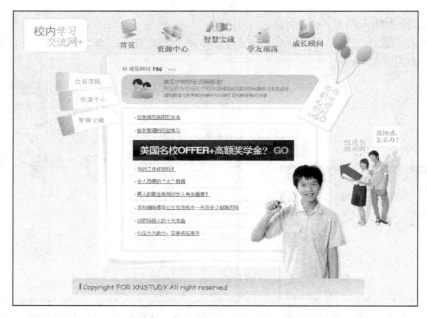

图 3.45 任务四最终效果图

任务检测与评估

任务完成后，请填写表3.4，对自己的学习情况进行评估。

表 3.4　任务检测与评估表

检测项目		评分标准	分值	学生自评	教师评估
任务知识内容	掌握在网页中插入 Flash 的方法	完成在网页中插入 Flash 的，得 20 分；询问，在别人帮助下完成的，得 12 分；未能完成的，得 0 分	20		
任务操作技能	插入 Flash	在 10 分钟内完成任务的，得 50 分，每增加 1 分钟，扣 10 分	50		
	设置插入 Flash 的属性	按指定要求设置 Flash 属性的，5 分钟内完成的，得 30 分，每增加 1 分钟，扣 10 分；未按指定要求设置的，得 0 分	30		

任务五　在网页中插入背景音乐

■ **任务目标**　通过在整个网站的模板（template1.dwt）中添加 WMA 格式的背景音乐，实现为全站添加背景音乐的目的。

■ **任务分析**　通过前面的任务，整个网站都初步完成，一个年轻、积极向上的网站需要有欢快的内容，因此考虑为网页添加背景音乐。为了给每一个网页都添加同样的音乐，需要用到模板。

任务步骤

01 打开网站模板（template1.dwt）。

在项目三站点打开 template1 模板，如图 3.46 所示。

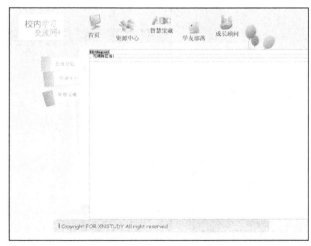

图 3.46　打开 template1 模板

02 为网页 template1 模板添加"声音行为"。

执行"标签检查器">"行为"命令，然后选择\<body>标签，如图 3.47 所示。

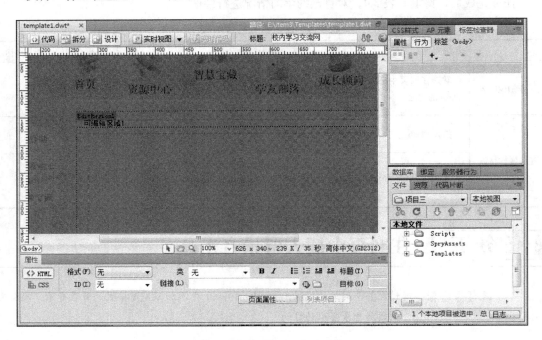

图 3.47 选择\<body>标签

单击 **+** 图标，在弹出的菜单中执行"~建议不再使用">"播放声音"命令，如图 3.48 所示。

03 选择要作为背景音乐的 WMA 文件。

在弹出的"播放声音"对话框中，单击"浏览"按钮，并在随后弹出的"选择文件"对话框中，选择"others"目录下的"班德瑞-晨光.wma"文件，单击"确定"按钮，如图 3.49 所示。

图 3.48 选择添加行为"播放声音"菜单

图 3.49 选择背景音乐文件

设置成功后，在网页的下端会出现▓图标，在行为栏中会增加"onLoad"属性，如图 3.50 所示。

04. 为新增的 body 行为设置相关属性，让背景音乐在网页加载时自动播放。

首先单击\<body\>标签下的\<embed\>图标▓，并双击"属性"栏，在\<embed\>属性中单击"参数"按钮，如图 3.51 所示。

图 3.50　增加"onLoad"属性

图 3.51　背景音乐属性

未作任何修改的\<embed\>属性的"参数"对话框如图 3.52 所示。

上面四个参数的作用如下所述。

LOOP：是否循环播放，默认为 false，不循环播放；

autostart：自动播放，默认为 false，不自动播放；

hidden：隐藏，默认为 true，隐藏；

enablejavascript：是否支持 JavaScript 脚本，默认为 true，支持。

为了让新添加的网页背景音乐可以自动循环播放，需要将参数作如下修改，如图 3.53 所示。

图 3.52　修改参数前　　　　　　　　　　图 3.53　修改参数后

再单击"确定"按钮，并保存网页模板 template1.dwt，这时在弹出的"更新模板文件"对话框中单击"更新"按钮，如图 3.54 所示。

在随后弹出的"更新页面"对话框中，选择更新项目"库项目"和"模板"，并单击"开始"按钮，如图 3.55 所示，更新完毕后，关闭"更新页面"对话框。

图 3.54　更新模板文件　　　　　　　　　图 3.55　更新页面

至此，通过 template1 模板的应用，所有页面的背景音乐已经添加完毕。

任务检测与评估

任务完成后，请填写表 3.5，对自己的学习情况进行评估。

表 3.5　任务检测与评估表

检测项目		评分标准	分值	学生自评	教师评估
任务知识内容	掌握在网页中插入"网页背景音乐"	完成在网页中插入"网页背景音乐"的，得 20 分；询问、在别人帮助下完成的，得 12 分；未能完成的，得 0 分	20		
任务操作技能	插入"网页背景音乐"	在 10 分钟内完成任务的，得 50 分，每增加 1 分钟，扣 10 分	50		
	设置插入"网页背景音乐"的属性	按指定要求设置"网页背景音乐"属性的，5 分钟内完成的，得 30 分，每增加 1 分钟，扣 10 分；未按指定要求设置的，得 0 分	30		

项目评价

通过本项目各任务的学习，完成项目网站的制作。完成项目网站后，请认真填写表 3.6 以检查自己的学习情况。

表 3.6　项目检测与评估表

检测项目		评分标准	分值	学生自评	教师评估
项目功能 (50 分)	模板制作	有模板成品，并且模板中有固定区域和可编辑区域	10 分		
	应用模板	应用项目中制作的模板完成项目中其他四个网页制作的，有作品	10 分		
	插入视频	在网站的其中一个网页正确地插入 FLV 视频的，并且能正确播放	10 分		
	插入 Flash	在网站的其中一个网页正确地插入 SWF 格式的 Flash Banner 的，并且能正确播放	10 分		
	插入背景音乐	项目中所有网页中都有背景音乐	10 分		
知识掌握 (30 分)	模板的创建	会用 Dreamweaver 创建模板	5 分		
	编辑模板	设置模板的可编辑区域与不可编辑区域	5 分		
	编辑可编辑区域	基于模板的可编辑区域重建新的网页	15 分		
	视频、Flash 的应用	会用 Dreamweaver 插入视频和 Flash 到网页	2 分		
	网页背景音乐	掌握向网页添加背景方法	3 分		
技能熟练程度及解决问题能力(20 分)	功能的掌握与扩展	对使用模板快速制作网页的流程非常熟悉，面对不同的项目，能根据需要来设置网站模板	10 分		
	布局和网页重构思想的建立	通过网页模板的应用，树立网站重构的意识，对整个项目的布局有清醒的认识，能理清表格布局的嵌套关系	10 分		

4

项目四　创建"新教育网校"网站页面

项目说明

本项目主要通过重新构建网站的"主页"来演示框架技术的用法。将讲解 Div 的用法，CSS 在背景样式、文本样式、方框和边框样式中的应用。

为了更好地进行网页的设计和重组，整个主页又由四个子页组成，共需完成五个网页。

技能目标

1. 初步掌握如何使用框架快速地制作网页。
2. 初步掌握如何使用 CSS 来定义网页的各种属性，如背景，文本样式，方框和边框样式。

准备一　创建框架网页

框架是浏览器窗口中的一个区域，其最常见的用途就是导航。一组框架通常包括一个含有导航条的框架和另一个要显示主要内容页面的框架，如图 4.1 所示。

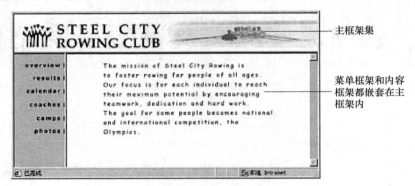

图 4.1　框架网页示意图

创建框架和框架集的过程如下：

1）新建空白 HTML 文档。

2）将插入点置于文档中。

3）在 Dreamweaver "插入"工具栏的"布局"选项卡中，单击"框架"旁的下拉按钮，从中选择预定义的框架集，如图 4.2 所示。

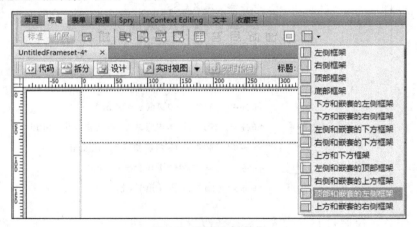

图 4.2　预定义框架集

4）在出现的"框架标签辅助功能属性"对话框中，为每个框架设置相关属性。

准备二　框架结构页面的编辑

1. 在框架中打开文档

1）将插入点置于框架中。

2）执行"文件">"在框架中打开"命令。

3）选择要在该框架中打开的文档。

2．保存框架和框架集文件

在浏览器中预览框架集前，必须保存框架集文件以及需在框架中显示的所有文档。

3．查看和设置框架属性

在"属性"检查器（"窗口">"属性"）中，单击右下角的展开箭头，在框架的"属性"面板中可查看并设置框架属性，如图 4.3 所示。

图 4.3　框架的"属性"面板

4．查看或设置框架集属性

1）单击围绕框架集的边框。

2）在"属性"检查器（"窗口">"属性"）中，单击右下角的展开箭头，在框架集的"属性"面板中查看并设置框架集属性，如图 4.4 所示。

图 4.4　框架集"属性"面板

准 备 三　定 义 CSS

CSS（层叠样式表）是一组格式设置规则，用于控制 Web 页面的外观。

通过使用 CSS 样式设置页面的格式，可将页面的内容与表现形式分离。页面内容存放在 HTML 文档中，而用于定义表现形式的 CSS 样式则存放在另一个文件中或 HTML 文档的某一部分，通常为文件头部分。其中 Div 层部分主要用来进行页面布局，而 CSS 部分用来控制网页的表现形式。

将内容与表现形式分离，不仅可使维护站点的外观更加容易，而且还可以使 HTML 文档代码更加简练，以缩短浏览器的加载时间。

CSS 格式设置规则由两部分组成，分别是选择器和声明。

选择器是标识已设置格式元素（如 P、H1、类名称或 ID）的术语，而声明则用于定义样式元素。在下面的示例中，H1 是选择器，介于大括号"{}"之间的所有内容都是声明。

```
H1 {
font-size:16 pixels;
font-family:Helvetica;
font-weight:bold;
}
```

声明由两部分组成：属性（如 font-family）和值（如 Helvetica）。上述示例为 H1 标签创建了样式，即链接到此样式的所有 H1 标签的文本字体都将是 16 像素大小并使用 Helvetica 字体和加粗。

1. 创建新的样式表

CSS 规则可以有以下几种位置的样式表。

外部 CSS 样式表是存储在一个单独的外部 CSS 文件（并非 HTML 文件）中的一系列 CSS 规则。利用文档 head 部分中的链接，该 CSS 文件被链接到 Web 站点中的一个或多个页面。

内部（或嵌入式）CSS 样式表是包含在 HTML 文档 head 部分的 style 标签内的一系列 CSS 规则。例如，下面的示例为已设置段落标签的文档中的所有文本定义字体大小。

```
<head>
<style>
    p{
    font-size:80px
    }
</style>
</head>
```

内联样式是在 HTML 文档中的特定标签实例中定义的。

例如，<p style="font-size: 9px"> 仅对用含有内联样式的标签设置了格式的段落并定义字体的大小。

【例 4-1】 创建 CSS 样式表文件，设置段落格式，保存为 style.css。

1）执行"文件">"新建"命令。

2）在"新建文档"对话框中的"页面类型"列表中选择"CSS"选项，然后单击"创建"按钮。

3）将该页保存（"文件">"保存"）为 style.css。

4）在样式表中输入如下所示代码。

```
p{
font-family: Verdana, sans-serif;
font-size: 11px;
color: #000000;
line-height: 18px;
padding: 3px;
}
```

> **注意**
> 不要忘记在每行结尾处的属性值后面加上一个分号。

完成后的代码类似于如图 4.5 所示的示例。

图 4.5　style.css 代码

5）单击"保存"按钮，以保存样式表。

2. 附加样式表

将样式表附加到 Web 页面中时，在样式表中定义的规则将应用到页面上的相应元素。

【例 4-2】　将例 4-1 中定义的 style.css 样式表附加到 index.html。

1）新建一个空白网页，在网页中输入如图 4.6 所示的文字，并将网页另存为 index.html。

2）选中页面中的第一段文本。

在"属性"检查器中查看，并使用"段落"标签设置该段落的格式，如图 4.7 所示。

图 4.6　index.html 输入的文本　　　　　　图 4.7　设置格式为段落

3）为第二段和第三段设置段落格式，方法与第一段的格式设置方法相同。

4）在"CSS 样式"面板（"窗口"＞"CSS 样式"）中，单击位于面板右下角的"附加样式表"按钮，如图 4.8 所示。

5）在"附加外部样式表"对话框中，单击"浏览"按钮以浏览例 4-1 创建的 style.css 文件，单击"确定"按钮，"文档"窗口中的文本将根据外部样式表中的 CSS 规则来设置格式。

3. 研究"CSS 样式"面板

"CSS 样式"面板可以跟踪影响当前所选页面元素的 CSS 规则和属性，还可以在不打开外部样式表的情况下修改 CSS 属性。

1）打开 index.html。

2）在"CSS 样式"面板（"窗口"＞"CSS 样式"）中，单击面板顶部的"全部"按钮，检查 CSS 规则。

3）单击"+"按钮展开 style.css 类别，如图 4.9 所示。

图 4.8　附加样式表　　　　　　　　　　图 4.9　展开 style.css

4）在"CSS 样式"对话框中，单击"p"选项。在外部样式表中为 p 规则定义的所有属性和值将显示在下面的"'p'的属性"窗格中，如图 4.10 所示。

5）在"文档"窗口中设置过格式的任意三个段落中的位置单击一次。

6）在"CSS 样式"面板中，单击面板顶部的"正在"按钮，可显示当前所选内容的属性的摘要。可看到在这里显示的属性与外部样式表中 p 规则的属性相对应。

4. 创建新的 CSS 规则

类样式可以设置任何范围内文本块的样式属性，并可以应用到任意 HTML 标签中。

【例 4-3】　在 style.css 中创建一个给加粗文本的类样式".bold"。

1）在"CSS 样式"面板（"窗口" > "CSS 样式" > "正在"）中，单击面板右下角的"新建 CSS 规则"按钮，如图 4.11 所示。

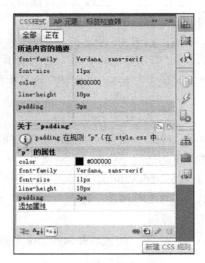

图 4.10　查看"p"的属性　　　　　　　图 4.11　新建 CSS 规则

2）在弹出的如图 4.12 所示的"新建 CSS 规则"对话框中，从"选择器类型"列表中选择"类"选项。该选项应该是默认选中的。

3）在"选择器名称"文本框中输入".bold"。

4）从"规则定义"列表中，选择"style.css"选项，如图 4.12 所示。

注意

确保在单词 bold 前输入句点"."。所有类样式必须以句点开头。

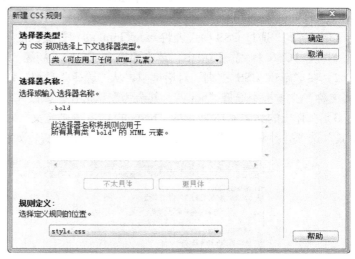

图 4.12　定义 CSS 规则的类型、名称、位置

5）单击"确定"按钮。

6）在弹出的如图 4.13 所示的".bold 的 CSS 规则定义"对话框中，执行下面的操作：

■ 在"字体"文本框中，输入"Verdana， Geneva， sans-serif"。

■ 在"文字大小"文本框中，输入"11"，并在紧靠其右的列表中选择"px"，即像素。

■ 在"行高"文本框中，输入"18"，并在紧靠其右的列表中选择"px"，即像素。

■ 从"粗细"列表中选择"bold，"即粗体。

■ 在"颜色"文本框中，输入"#00F"，如图 4.13 所示。

7）单击"确定"按钮，完成以上操作。

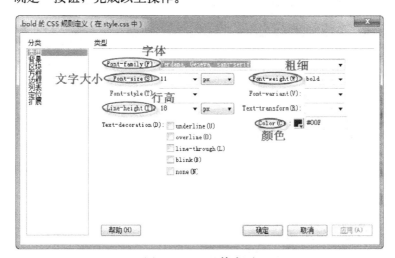

图 4.13　.bold 的类型

准备四 背景样式的应用

要使自己的网页美观，背景是一个需重点关注的区域，而用 CSS 就可以实现以前 HTML 所不能实现的效果。

【例 4-4】 通过 CSS 样式表将 index.html 的背景颜色设置为橙色（#F90）。

1）在"CSS 样式"面板中，单击面板右下角的"新建 CSS 规则"按钮。

2）在"新建 CSS 规则"对话框中，从"选择器类型"列表中选择"标签"选项，从"选择器名称"文本框中选择"body"，其余为默认选择，如图 4.14 所示。

3）在弹出的如图 4.15 所示的"body 的 CSS 规则定义"对话框中，从"分类"列表中选择"背景"选项，并将网页背景颜色设置为"#F90"（橙色），如图 4.15 所示。

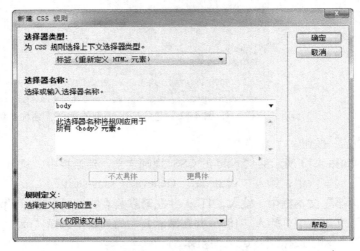

图 4.14 为 body 新建 CSS 规则

4）单击"确定"按钮，则网页主体部分 body 的属性参数设置成功，如图 4.16 所示。

图 4.15 设置 body 的背景规则

图 4.16 设置背景后

准备五　将类样式应用到文本

最常见的是将一个已经创立的规则应用到某些段落文本，具体做法如下所述。

【例 4-5】　将例 4-3 定义的样式应用到 index.html 的指定文本中。

1）打开例 4-1 中创建的 index.html 文档，在"文档"窗口中，选择第一段中文本的前三个字符"CSS"。

2）在"属性"检查器（"窗口" > "属性"）中，从"类"列表中选择"bold"选项，则粗体类样式将应用到选中的文本，如图 4.17 所示。

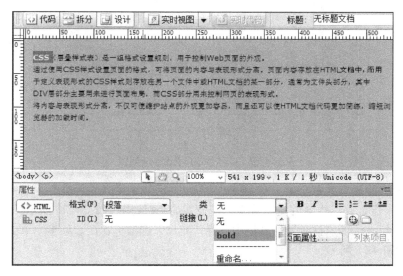

图 4.17　应用 bold 规则到第一段前三个字符

3）重复上一步，将粗体类样式应用到第二段和第三段的前三个字符，如图 4.18 所示。

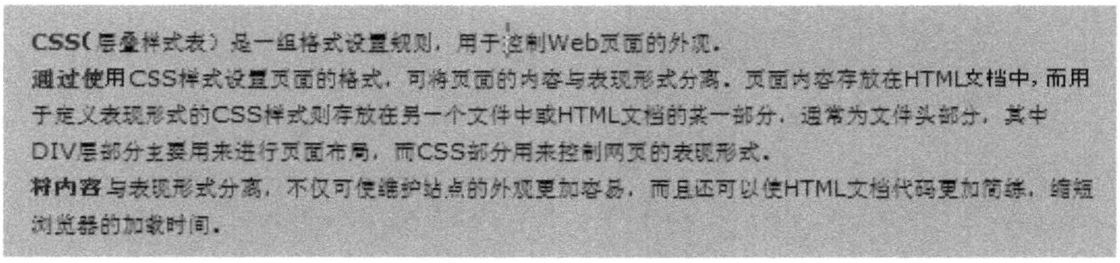

图 4.18　每一段应用 bold 规则

4）单击"保存"按钮，以保存页面。

准备六　方框和边框样式的应用

CSS 方框（即 CSS 盒状模型）是 CSS 应用的核心，也是最难理解和操控的技术之一，它包括外边距 margin（边界）、内边距 padding（填充）和边框 border，如图 4.19 所示。

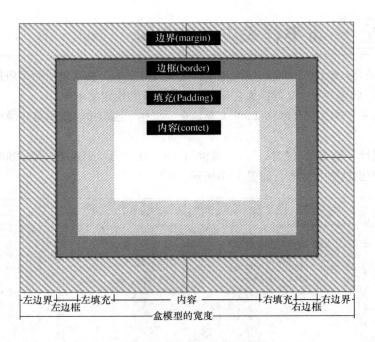

图 4.19　CSS 方框与边框示例图

【例 4-6】　假设框的每个边上有 10 像素的外边距和 5 像素的内边距。如果这个元素框最大允许 100 像素宽，那么内容的宽度最多只能设置为 70 像素，如图 4.20 所示。

1）在 Dreamweaver"插入"工具栏中选择"布局"选项卡，在选项卡中单击"插入 Div 标签"按钮，如图 4.21 所示。

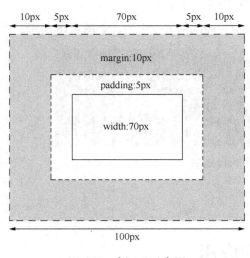

图 4.20　例 4-6 示意图

图 4.21　插入 Div 标签

2）在弹出的"插入 Div 标签"对话框中单击"新建 CSS 规则"按钮，如图 4.22 所示。

3）在弹出的"新建 CSS 规则"对话框的"选择器类型"列表中选择"ID"（仅应用于一个 HTML 元素）选项，在"选择器名称"文本框中输入"box"，在"规则定义"列表中选择"（仅限该文档）"选项，如图 4.23 所示。

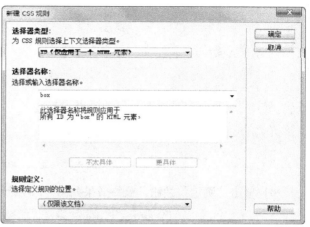

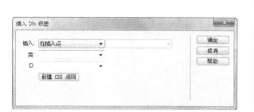

图 4.22　选择插入点　　　　　　图 4.23　设置"新建 CSS 规则"参数

4）单击"确定"按钮，在弹出的"#box 的 CSS 规则定义"对话框的"分类"列表中选择"方框"选项，分别指定"Width"属性为"70px"，"Padding"属性值全部为"5px"，"Margin"属性的值全部为"10px"，如图 4.24 所示。

5）在"#box 的 CSS 规则定义"对话框的"分类"列表中选择"边框"选项，分别指定"Style"属性为"solid"，"Width"属性值全部为"1px"，"Color"属性值全部为"#00F"，如图 4.25 所示。

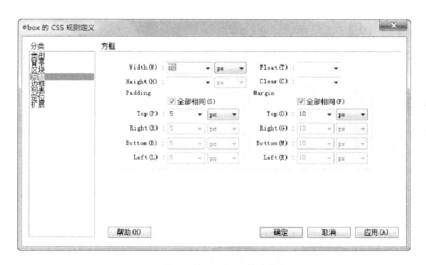

图 4.24　定义 box 的方框

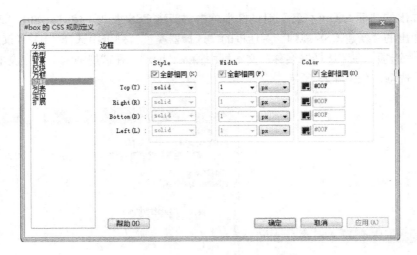

图 4.25　定义 box 的边框

6) 单击"确定"按钮，最终效果如图 4.26 所示。

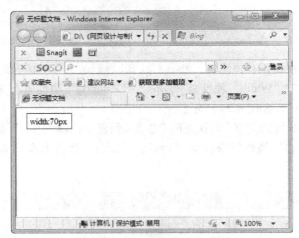

图 4.26　在浏览器中的效果图

若用代码来设置各像素值，则其输入代码应为如下所示。

```
#box {
    width: 70px;
    margin: 10px;
    padding: 5px;
}
```

任务一　应用框架重新规划首页

■ **任务目标**　将前面学到的框架知识应用到学校网站重构中来，使新的学校网站结构更清晰。

■ 任务分析 根据网站重构的需要，首页采用上、中、下三栏、中间再分两栏的混合型布局，为方便管理，每一个框架页内可容纳一个新的网页，重新规划后的学校网站主页布局如图 4.27 所示。

因为是混合框架，仅用 frameset 和 frame 功能已经达不到网站设计要求，所以在本次改版的过程中，决定采用内嵌框架 IFRAME 和 Div 块的方式来完成网页布局。

图 4.27 新的主页布局

任务步骤

首先从整个网站的大块入手，即从 Div 开始。

Div 元素是用来为 HTML 文档内大块（block-level）的内容提供结构和背景的元素。Div 的起始标签和结束标签之间的所有内容都是用来构成这个块的，其中所包含元素的特性由 Div 标签的属性来控制，或者是通过使用样式表格式化这个块来进行控制。

01 新建一个空白 html 网页，插入主体布局 Div。

参照图 4.27，首先在工具栏上选择"布局"选项卡，单击"插入 Div 标签"按钮，如图 4.28 所示。

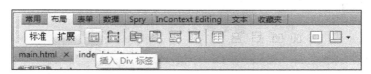

图 4.28 插入 Div 标签

在弹出的"插入 Div 标签"对话框中，"插入"列表中选择"在插入点"选项，并在"ID"文本框中输入"container"，单击"确定"按钮即完成 Div 的插入，如图 4.29 所示。

然后将光标置于 Div container 的内容后边，再依次插入水平布局的三个 Div，其 ID 分别为 top、middle、footer，如图 4.30～图 4.32 所示，最终效果如图 4.33 所示。

> **注意**
>
> container 是用作整个网页所有 IFRAME 框架的容器。

图 4.29 插入名称为 container 的 Div

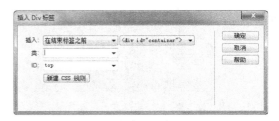

图 4.30 插入名称为 top 的 Div

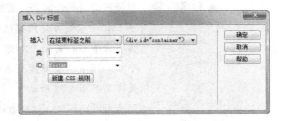

图 4.31　插入名称为 middle 的 Div　　　　　　　图 4.32　插入名称为 footer 的 Div

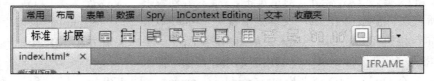

图 4.33　插入 Div 后的效果图

02 细化布局，在 Div middle 中插入两个 Div——left 和 main，最终效果如图 4.34 所示。

此处显示 id "container" 的内容
此处显示 id "top" 的内容
此处显示 id "middle" 的内容
此处显示 id "left" 的内容
此处显示 id "main" 的内容
此处显示 id "footer" 的内容

图 4.34　插入 left 和 main 的 Div 的效果图

03 在 top、left、main、footer 等 Div 中依次插入内嵌框架 IFRAME。

选择工具栏的"布局"选项卡，在"标准"布局中单击"IFRAME"按钮，如图 4.35 所示。CSS 布局背景即如图 4.36 所示。

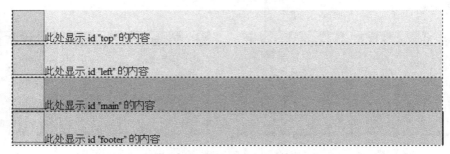

图 4.35　IFRAME 按钮

此处显示 id "top" 的内容

此处显示 id "left" 的内容

此处显示 id "main" 的内容

此处显示 id "footer" 的内容

图 4.36　插入主页所需的四个 IFRAME 后的效果图

至此，在定义 CSS 之前，整个网页的框架已经搭建完成。

任务检测与评估

任务完成后，请填写表 4.1，对自己的学习情况进行评估。

表 4.1　任务检测与评估表

检测项目		评分标准	分值	学生自评	教师评估
任务知识内容	Div 的功能及应用	熟练，一次性完成，得 10 分；一般熟练，反复操作后完成，得 8 分；询问，在别人指导下完成，得 6 分；未能完成，得 0 分	10		
	IFRAME 的使用		10		
任务操作技能	插入 Div	能照布局示意图，正确地在 Dreamweaver 中插入 Div 进行合理布局，得 30 分，错误一项扣 5 分；无 Div 的，得 0 分	30		
	定义 Div	能按要求正确地对 Div 进行定义的，每出现一处错误扣 5 分	20		
	在 Div 中插入 iframe	能根据布局示意图，在 Div 中插入合适的 iframe 的，得 30 分；每缺少一个 Div 扣 5 分；没有 iframe 的得 0 分	30		

任务二　制作顶部页（top.html）

任务目标　利用所提供的素材，使用 Div 和 CSS 完成顶部网页 top.html 的制作。

任务分析　先看最终效果，如图 4.37 所示。

图 4.37　顶部页效果图

再看 CSS 布局背景，如图 4.38 所示。

图 4.38　顶部页的 CSS 布局背景图

从图 4.37 和图 4.38 中可以看出，顶部文件主要由 logo、主导航菜单两部分构成，而主导航菜单又由三部分组成，即最顶部的登录菜单、中间一行的主菜单和下面一行的子菜单。

任务步骤

首先还是从整个网页的大块入手，从 Div 开始。

先用 Div 搭建网页框架，组建网页结构，然后利用 CSS 修饰并完善整个网页。

01 新建一个空白 html 网页，插入主体布局 Div。

top.html 的容器 Div 的 ID 定义为"top"，主体布局 Div 的 ID 定义为"logo"和"top_menu"，如图 4.39 所示。

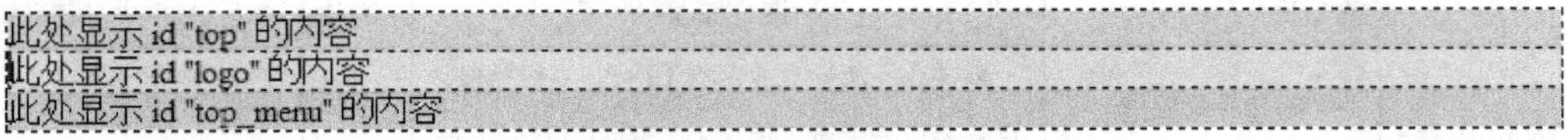

图 4.39 插入 logo 和 top_menu 的 Div

02 插入 logo，如图 4.40 所示。

图 4.40 插入 logo

03 细化布局。

在 Div "top_menu"中依次插入三个内嵌 Div，即"top_menu_sub"、"top_menu_main"和
"top_menu_main_sub"，具体如图 4.41 所示。

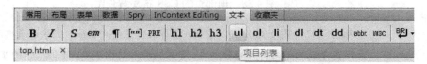

图 4.41 插入内嵌 Div

04 在各 Div 中插入登录子菜单、主菜单和主菜单附属子菜单。

在用 Div 和 CSS 技术构建的网页中，通常用"列表"结合"超链接"来做菜单。

选择常用工具栏"文本"选项卡，单击"ul"（项目列表）按钮，如图 4.42 所示。

图 4.42 ul 按钮

分别在 ID 为 top_menu_sub、Div top_menu_main 和 Div top_menu_main_sub 的 Div 中插入
如图 4.43 所示的项目列表。

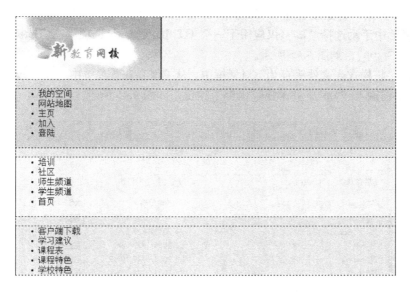

图 4.43　插入用途菜单的三个 ul

至此，网页 top.html 的结构已经搭建完毕，下一步开始 CSS 的制作。

CSS 样式表与 Div 块、HTML 标签是一一对应的，因此要对有需要的 Div 或标签进行一对一的 CSS 样式设定，从而修饰并完善网页。从步骤 5 到步骤 16 是添加 CSS 样式表的操作。

05 为 Div top 添加 CSS。

在为 Div 或标签添加 CSS 之前，要准备一个位置（或一个专用的 CSS 文件，以 ".css" 为后缀名的文件）来存放 CSS 样式表数据，本次任务中使用专用的 CSS 文件——top.css。

首先，选择 ID 为 top 的 Div（`<body>` `<div#top>`）标签，单击右侧的面板的"CSS 样式表"按钮，再单击"新建 CSS 规则"按钮，如图 4.44 所示。

在弹出的"新建 CSS 样式表"对话框的"规则定义"菜单下面，选择"（新建样式表文件）"选项，如图 4.45 所示，然后单击"确定"按钮。

图 4.44　为 top.html 新建 CSS 规则

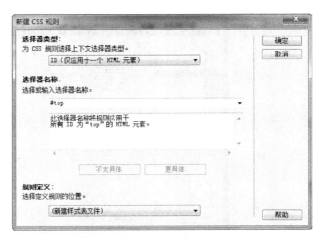

图 4.45　设置新建 CSS 规则

　　补充说明，如果一开始没有选中<div#top>标签，那么要在"新建 CSS 规则"对话框中的"选择器类型"菜单中手动选择"ID（仅应用于一个 HTML 元素）"选项，在"选择器名称"文本框中手动输入"#top"，如图 4.45 所示。

　　在弹出的"将样式表文件另存为"对话框中，从"保存在"菜单中选择"others"选项，在"文件名"文本框输入"top"，并单击"保存"按钮，如图 4.46 所示。

图 4.46　保存 CSS 到 top.css

　　设置 Div 框的大小（宽、高）。在随后弹出的"#top 的 CSS 规则定义"对话框中，选择"分类"菜单中的"方框"选项，设置 top 的"Width"为"1024 px"，"Height"为"121 px"，如图 4.47 所示。

　　设置背景。在随后弹出的"#top 的 CSS 规则定义"对话框中，选择"分类"菜单中的"背景"选项，设置"Background-image"（背景图片）为"top_bg.gif"，如图 4.48 所示。

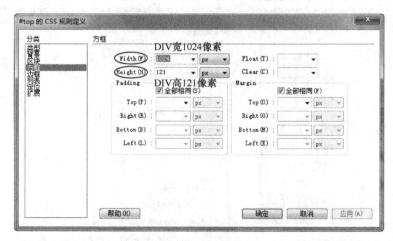

图 4.47　定义#top 的 CSS 规则的"方框"

图 4.48　定义背景

单击"确定"按钮后，Div top 的 CSS 样式表添加完毕，效果如图 4.49 所示。

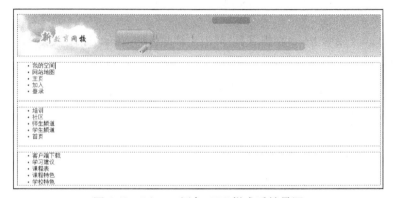

图 4.49　Div top 添加 CSS 样式后效果图

06 为 Div logo 添加 CSS。

首先为设置 logo 的大小和定位方式。

"Width"为"270 px"，"Height"为"121 px"；

"Float"为"left"。

然后为 logo 图片添加链接，使其指向网站的首页地址 http://www.ncs.cn，如图 4.50 所示。

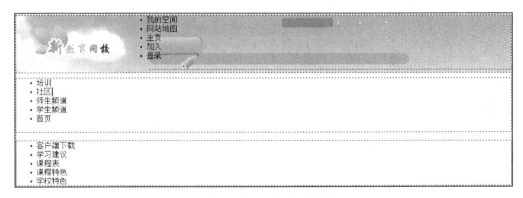

图 4.50　为 logo 添加超链接

这时，图片 logo 出现了蓝色的边框，如图 4.51 所示。

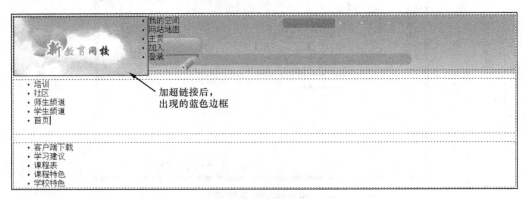

图 4.51　添加超链接后出现蓝边框

边框不但影响网页的视觉效果，而且挤占了其他 Div 的空间，因此要进行删除，CSS 可以完成这个任务。

选择图片 logo（或单击<img>标签），单击左侧面板的"CSS 样式"按钮，单击"新建 CSS 规则"按钮，添加一条对应"#top #logo a img"的 CSS 规则，如图 4.52 所示。

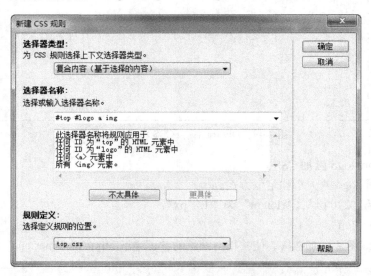

图 4.52　为 img 定义 CSS 规则

在"#top #logo a img 的 CSS 规则定义"（在 top.css 中）对话框中，将"Width"（宽度）全部设置为"0 px"。

07 为 Div top_menu 添加 CSS。

Div top_menu 为顶部页（top.html）的核心部分，由三个菜单构成，首先设置 Div 本身的方框、边框等属性，再单独设置三个 ul 属性。

首先，将 Div top_menu 装进 Div top 中，设置 Div top_menu 的大小及定位。

选择<body><div#top><div#top menu>标签，单击"新建 CSS 规则"按钮，添加一条对应"div#top_menu"的 CSS 规则。设置 Div top_menu 的大小及定位等。

"Width" 为 "548 px"，"Height" 为 "121 px"；

"Float" 为 "right"；

"Margin-right" 为 "204 px"；

"Padding" 为 "0 px"。

设置完 Div top_menu 后的效果如图 4.53 所示。

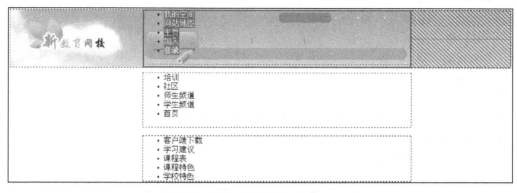

图 4.53　定义 CSS 后的 Div top_menu

08 为 Div top_menu_sub 添加 CSS。

设置 Div top_menu_sub 的大小及定位。

宽（Width）："270 px"；

高（Height）："28 px"；

定位方式——浮动（Float）："right"（向右浮动）；

外边距（Margin）："0 px"，勾选两个"全部相同"复选框。

选择 `<body>` `<div#top>` `<div#top menu>` `<div#top menu sub>` 标签，单击"新建 CSS 规则"按钮

，添加一条对应"div#top_menu_sub"的 CSS 规则。

设定 CSS 属性后的效果如图 4.54 所示。

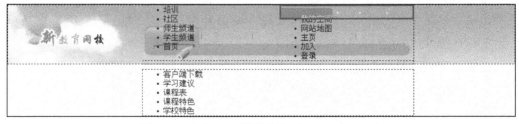

图 4.54　定义 CSS 规则后的 Div top_menu_sub

09 为 Div top_menu_sub ul 添加 CSS。

通过图 4.54 发现，用作菜单容器的 ul（列表）还处在 Div top_menu_sub 外边，接下来设置 Div top_menu_sub 中用作菜单容器的 ul 的 CSS 属性。

"Height" 为 "28 px"；

"Float" 为 "none"；

"Margin" 为 "0 px"；

"Padding-top"为"0 px","Padding-right"为"5 px","Padding-bottom"为"0 px","Padding-left"为"0 px",勾去"全部相同（S）"复选框，勾选"全部相同（F）"复选框。

选择⟨body⟩⟨div#top⟩⟨div#top menu⟩⟨div#top menu sub⟩⟨ul⟩标签，单击"新建 CSS 规则"按钮，添加一条对应"div#top_menu_sub ul"的 CSS 规则。

10 为 Div top_menu_sub ul li 添加 CSS。

接下来进一步设置作为菜单项的 li（列表项）的 CSS 属性。

"Float"为"right"；

"Margin-top"为"9 px"，"Margin-left"为"15 px"，勾去"全部相同（F）"复选框；

"Font-size"为"10 px"，"Font-weight"为"bold"；

"List-style-type"为"none"。

选择⟨body⟩⟨div#top⟩⟨div#top menu⟩⟨div#top menu sub⟩⟨ul⟩⟨li⟩标签，单击"新建 CSS 规则"按钮，添加一条对应"div#top_menu_sub ul li"的 CSS 规则。

设定 CSS 属性后的效果如图 4.55 所示。

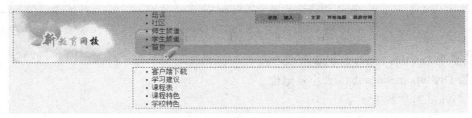

图 4.55　定义 CSS 规则后的 Div top_menu_sub ul li

11 为 Div top_menu_main 添加 CSS。

Div top_menu_main 是顶部页的主导航块，设置其的大小和定位。

"Margin-top"为"55 px"，"Margin-right"为"0 px"，"Margin-bottom"为"0 px"，"Margin-left"为"0 px"；"Padding"为"0 px"。

选择⟨body⟩⟨div#top⟩⟨div#top menu⟩⟨div#top menu main⟩标签，单击"新建 CSS 规则"按钮，添加一条对应"div#top_menu_main"的 CSS 规则。

设定 CSS 属性后的效果如图 4.56 所示。

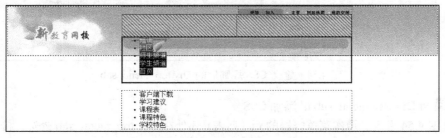

图 4.56　定义 CSS 规则后的 Div top_menu_main

12 为 Div top_menu_main ul 添加 CSS。

通过图 4.56 发现，用作菜单容器的 ul（列表）还处在 Div top_menu_main 外部，接下来设置 Div top_menu_main 中用作菜单容器的 ul 的 CSS 属性，将外部的 ul 移回：

"Margin" 为 "0 px"；

"Padding" 为 "0 px"。

选择<body><div#top><div#top menu><div#top menu main><ul>标签，单击"新建 CSS 规则"按钮🔳，添加一条对应"div#top_menu_main ul"的 CSS 规则。

设定 CSS 属性后的效果如图 4.57 所示。

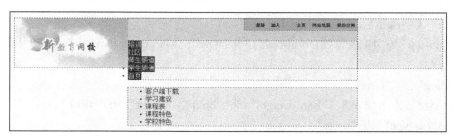

图 4.57　定义 CSS 规则后的 Div top_menu_main ul

13 为 Div top_menu_main ul li 添加 CSS。

接下来进一步设置作为菜单项的 li（列表项）的 CSS 属性。

"Width" 为 "100 px"；

"Float" 为 "right"（向右浮动）；

"Margin" 为 "0 px"；

"Padding-top"为"0 px"，"Padding-right"为"0 px"，"Padding-bottom"为"0 px"，"Padding-left"为 "5 px"；

"Font-size" 为 "18 px"，"font-weight" 为 "bold"；

"List-style-type" 为 "none"。

选择<body><div#top><div#top menu><div#top menu main><ul><li>标签，单击"新建 CSS 规则"按钮🔳，添加一条对应"div#top_menu_main ul li"的 CSS 规则。

设定 CSS 属性后的效果如图 4.58 所示。

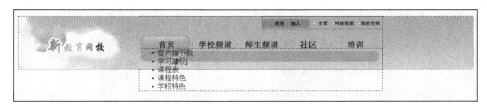

图 4.58　定义 CSS 规则后的 Div top_menu_main ul li

14 为 Div top_menu_main_sub ul 添加 CSS。

通过分析发现，子菜单 Div top_menu_main_sub 用作菜单容器的 ul（列表）还处在 Div 块的外边，接下来设置 ul 的 CSS 属性。

"Margin-top" 为 "0 px"，"Margin-right" 为 "18 px"；

"Margin-bottom" 为 "0 px"，"Margin-left" 为 "0 px"；

"Padding" 为 "0 px"；

"List-style-type" 为 "none"。

选择⟨body⟩⟨div#top⟩⟨div#top menu⟩⟨div#top menu main sub⟩⟨ul⟩标签，单击"新建 CSS 规则"按钮，添加一条对应"div#top_menu_main_sub ul"的 CSS 规则。

15 为 Div top_menu_main_sub ul li 添加 CSS。

接下来进一步设置作为菜单项的 li（列表项）的 CSS 属性。

"Width"为"80 px"；

"Float"为"right"；

"Margin-top"为"10 px"，"Margin-right)"为"0 px"，"Margin-bottom"为"0 px"，"Margin-left"为"0 px"；

"Padding"为"0 px"。

"Font-size"为"12 px"，"Font-weight"为"bold"，"Color"为"#FFF"；

"List-style-type"为"none"。

选择⟨body⟩⟨div#top⟩⟨div#top menu⟩⟨div#top menu main sub⟩⟨ul⟩⟨li⟩标签，单击"新建 CSS 规则"按钮，添加一条对应"div#top_menu_main_sub ul li"的 CSS 规则。

设定 CSS 属性后的效果如图 4.59 所示。

图 4.59 定义 CSS 规则后的 Div top_menu_main_sub ul li

16 为整个页面的主体元素（<body>标签）添加 CSS。

至此，整个顶部页基本上已经完工，但整个内容区域跟整个网页还有不少边界，影响最终效果，因此要对页面的主体 body 部分进行调整，并设置其属性。

"Margin"为"0 px"；

"Padding"为"0 px"。

选择⟨body⟩标签，单击"新建 CSS 规则"按钮，添加一条对应"body"的 CSS 规则，如图 4.60 所示。

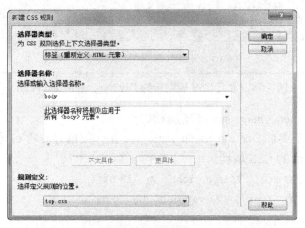

图 4.60 为顶部页的 body 标签定义 CSS 规则

至此，整个顶部页（top.html）已经构建完毕，效果如图 4.61 所示。

图 4.61　整个"顶部页"效果图

任务检测与评估

任务完成后，请填写表 4.2，对自己的学习情况进行评估。

表 4.2　任务检测与评估表

检测项目		评分标准	分值	学生自评	教师评估
任务知识内容	用 Div 进行网页布局	熟练，一次性完成，得 10 分；一般熟练，反复操作后完成，得 8 分；询问，在别人指导下完成，得 6 分；未能完成，得 0 分	10		
	使用 CSS 样式表修饰网页		10		
任务操作技能	使用 Div 搭建网页框架	能照布局示意图，正确地在 Dreamweaver 中插入合适的 Div 进行合理布局，得 25 分，错误一项扣 5 分；无 Div 的，得 0 分	25		
	对网页中每一个需要元素设置 CSS 样式	能通过合理设置网页中元素的 CSS 样式，实现网页最终的效果，得 55 分；每缺少一项扣 5 分；没有设置 CSS 样式的，得 0 分	55		

任务三　制作主体内容左侧导航页（left.html）

任务目标　通过本次任务，利用所提供的素材，使用 Div 和 CSS 完成左侧导航网页 left.html 的制作。

任务分析　先看最终效果图（见图 4.62），再看 CSS 布局背景图（见图 4.63）。

图 4.62　最终效果图

图 4.63　CSS 布局背景图

从图 4.62 和图 4.63 可以看出，左侧导航网页主要由页面主题（topic）和框架栏标题导航菜单（title）两部分构成，共三个 Div，即 left、topic 和 title。

任务步骤

首先还是从整个网页的大块入手，从 Div 开始。

先用 Div 搭建网页框架，组建网页结构，然后利用 CSS 修饰并完善整个网页。

01 新建一个空白 html 网页，用 Div 完成网页布局。

参照图 4.63，按照 Div 的大小及嵌套关系，先插入用作容器的 Div#left 的 Div，然后在 Div#left 中再插入 Div#topic 和 Div#title，最终效果如图 4.64 所示。

图 4.64 插入 left、topic、title 的 Div

02 插入文字、图片。

参照网页最终效果图 4.62，在步骤 01 搭建的 Div 网页布局基础上，利用所给素材，插入其他的网页元素，如图 4.65 所示。

图 4.65 插入图片、文字

03 为 Div#topic 定义 CSS 样式。

1）选择 Div#left "`<body><div#left>`"标签，单击右侧的面板的"CSS 样式表"按钮，再单击"新建 CSS 规则"按钮。

2）在弹出的"新建 CSS 样式表"对话框中的"规则定义"菜单中选择"（新建样式表文件）"选项，单击"确定"按钮。

3）在弹出的"将样式表文件另存为"对话框中，选择项目四站点下的"others"选项，并将样式表文件保存为 left.css。

4）设置 Div#left 的大小、背景。

宽（Width）：273 px；

高（Height）：705 px；

背景图片（Background-image）：url（../images/left_bg.gif）。

5）单击"确定"按钮，Div#topic 的 CSS 样式表添加完毕。

04 为 Div#topic 定义 CSS 样式。

1）选择 `<body><div#left><div#topic>` 标签，单击"新建 CSS 规则"按钮，添加一条对应"div#topic"的 CSS 规则。

2）接下来进一步设定 Div#topic 的 CSS 属性。

外边距（margin）：0 px；

内上边距（padding-top）：12px；

内左边距（padding-left）：18 px；

字体设置：大小（font-size）36px，字体（font-family）楷体。

05 为 Div#title ul 定义 CSS 样式。

1）选择 `<body><div#left><div#title><ul>` 标签，单击"新建 CSS 规则"按钮，添加一条对应"div#title ul"的 CSS 规则。

2）接下来设定用作菜单容器的 Div title ul 的 CSS 属性。

外上边距（margin-top）：32 px；

外右边距（margin-right）：0 px；

外下边距（margin-bottom）：0 px；

外左边距（margin-left）：0 px；

内上边距（padding-top）：0 px；

内右边距（padding-right）：0 px；

内下边距（padding-bottom）：0 px；

内左边距（padding-left）：20 px。

06 为 Div title ul li 定义 CSS 样式。

1）选择 `<body><div#left><div#title><ul><li>` 标签，单击"新建 CSS 规则"按钮，添加一条对应"div#title_ul_li"的 CSS 规则。

2）接下来设定用作菜单项的 Div title ul li 的 CSS 属性。

宽（Width）：112 px；

外边距（margin）：0 px；

内上边距（padding-top）：10 px；

内右边距（padding-right）：0 px；

内下边距（padding-bottom）：0 px；

内左边距（padding-left）：0 px；

下边框样式（border-bottom-style）：dotted；

上边框宽度（border-bottom-width）：1 px；

上边框样式（border-top-style）：none；

右边框样式（border-right-style）：none；

左边框样式（border-left-style）：none；

字体设置：大小（font-size）14 px；字体粗细（font-weight）bold；

列表项样式（list-style-type）：none。

07 为 Div#title ul li 中的文字添加超链接，并设定超链接 CSS 样式。

添加超链接后的效果如图 4.66 所示。

1）选择 `<body><div#left><div#title><ul><li><a>` 标签，单击"新建 CSS 规则"按钮，添加一条对应"div#title ul li a"的 CSS 规则。

2）接下来对超链接进行 CSS 样式定义。

下划线（text-decoration）：none；

文字颜色（color）：#000。

3）接下来对列表首项进行设定，选择 `<body> <div#left> <div#title> <ul> <li#first> <a>` 标签，单击"新建 CSS 规则"按钮 📄，添加一条对应"div#title ul li#first a"的 CSS 规则。将该列表项的文字颜色设定为#FF6000。

08 为整个页面的主体（body 标签）添加 CSS。

Left.html 同 top.html 一样，需要调整页面的边距。

选择 `<body>` 标签，单击"新建 CSS 规则"按钮 📄，添加一条对应"body"的 CSS 规则，将页面 body 元素的内、外边距都设为"0 px"。

其最终效果如图 4.67 所示。

图 4.66 添加超链接后的 li

图 4.67 "左侧页"的最终效果图

任务检测与评估

任务完成后，请填写表 4.3，对自己的学习情况进行评估。

表 4.3 任务检测与评估表

检测项目		评分标准	分值	学生自评	教师评估
任务知识内容	用 Div 进行网页布局	熟练，一次性完成，得 10 分；一般熟练，反复操作后完成，得 8 分；询问，在别人指导下完成，得 6 分；未能完成，得 0 分	10		
	使用 CSS 样式修饰网页		10		
任务操作技能	使用 Div 搭建网页框架	能照布局示意图，正确地在 Dreamweaver 中插入合适的 Div 进行合理布局，得 25 分，错误一项扣 5 分；无 Div 的，得 0 分	25		
	对网页中每一个需要元素设置 CSS 样式	能通过合理设置网页中元素的 CSS 样式，实现网页最终的效果，得 55 分；每缺少一项扣 5 分；没有设置 CSS 样式的，得 0 分	55		

任务四　制作主体内容页（main.html）

任务目标　通过本次任务，利用所提供的素材，使用 Div 和 CSS 完成主体内容页 main.html 的制作。

任务分析　先看最终效果图（见图 4.68）。

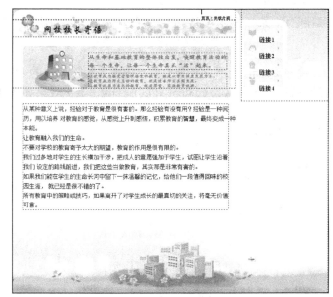

图 4.68　"主体内容页"最终效果图

再看 CSS 布局背景图（见图 4.69）。

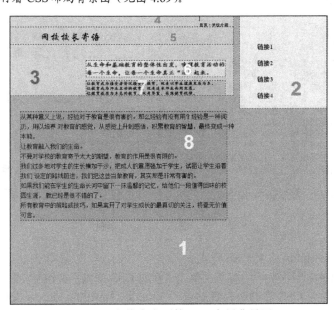

图 4.69　主体内容页的 CSS 布局背景图

从图 4.69 可以看出，主体内容页（main.html）主要由主体链接热点（main_link）和主体内容（main_content）两部分构成，共八个 Div，即 main、main_link、main_content、content_link、content_title、content_text1、content_text2、content_text3。

任务步骤

首先还是从整个网页的大块入手，从 Div 开始。

先用 Div 搭建网页框架，构建网页结构，然后利用 CSS 修饰并完善整个网页。

01 新建一空白 html 网页，用 Div 完成网页布局。

参照图 4.69，按照 Div 的大小及嵌套关系，先插入用作容器的 Div main，然后在 Div#left 中再插入 Div#main_link、Div#main_content 和其他 Div，最终效果如图 4.70 所示。

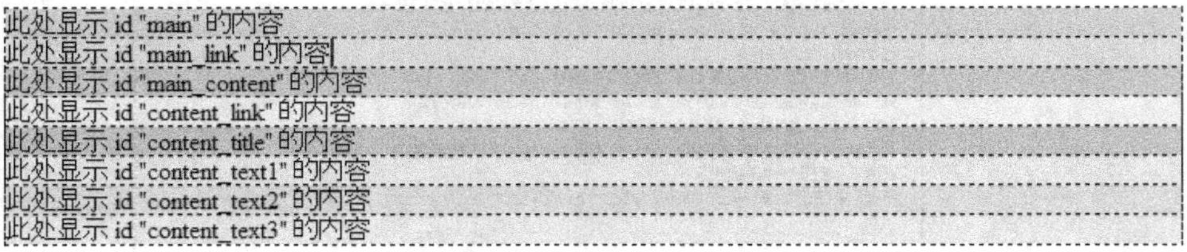

此处显示 id "main" 的内容
此处显示 id "main_link" 的内容
此处显示 id "main_content" 的内容
此处显示 id "content_link" 的内容
此处显示 id "content_title" 的内容
此处显示 id "content_text1" 的内容
此处显示 id "content_text2" 的内容
此处显示 id "content_text3" 的内容

图 4.70　插入 Div

02 插入文字等网页素材到网页，如图 4.71 所示。

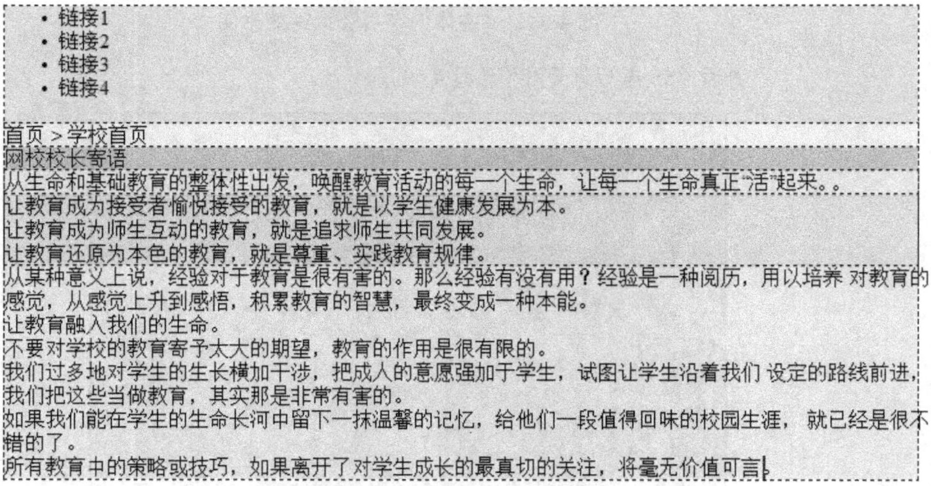

- 链接1
- 链接2
- 链接3
- 链接4

首页 > 学校首页
网校校长寄语
从生命和基础教育的整体性出发，唤醒教育活动的每一个生命，让每一个生命真正活起来。。
让教育成为接受者愉悦接受的教育，就是以学生健康发展为本。
让教育成为师生互动的教育，就是追求师生共同发展。
让教育还原为本色的教育，就是尊重、实践教育规律。
从某种意义上说，经验对于教育是很有害的。那么经验有没有用？经验是一种阅历，用以培养 对教育的感觉，从感觉上升到感悟，积累教育的智慧，最终变成一种本能。
让教育融入我们的生命。
不要对学校的教育寄予太大的期望，教育的作用是很有限的。
我们过多地对学生的生长横加干涉，把成人的意愿强加于学生，试图让学生沿着我们 设定的路线前进，我们把这些当做教育，其实那是非常有害的。
如果我们能在学生的生命长河中留下一抹温馨的记忆，给他们一段值得回味的校园生涯，就已经是很不错的了。
所有教育中的策略或技巧，如果离开了对学生成长的最真切的关注，将毫无价值可言

图 4.71　插入素材

03 为 Div#main 定义 CSS 样式。

1）选择 `<body><div#main>` 标签，单击"新建 CSS 规则"按钮，添加一条对应"div#main"的 CSS 规则，并将 CSS 规则保存到站点 "others"目录的 main.css 文件中。

2）接下来设定用作菜单项的 Div#title ul li 的 CSS 属性。

宽（Width）：273 px；

高（Height）：705 px；

背景图片（Background-image）：url（../images/left_bg.gif）。

04 为 Div#main_link 定义 CSS 样式。

1）选择 `<body><div#main><div#main link>` 标签，单击"新建 CSS 规则"按钮，添加一条对应"div#main_link"的 CSS 规则。

2）设置 CSS 样式如下所述。

宽（Width）：100 px；

定位——浮动（Float）：right；

内上边距（padding-top）：12 px；

内右边距（padding-right）：106 px。

05 为 Div main_link ul li 定义 CSS 样式。

1）选择 `<body><div#main><div#main link><ul><li>` 标签，单击"新建 CSS 规则"按钮，添加一条对应"div#main_link ul li"的 CSS 规则。

2）设置 CSS 样式如下所述。

内上边距（padding-top）：14 px；

内右边距（padding-right）：0 px；

内下边距（padding-bottom）：0 px；

内左边距（padding-left）：0 px；

字体设置：大小（font-size）14px；字体粗细（font-weight）bold；行高（line-height）：26 px；

列表项样式（list-style-type）：none。

06 为 Div main_content 定义 CSS 样式。

具体 CSS 样式如下所述。

宽（Width）：530 px。

07 为 Div content_link 定义 CSS 样式。

1）选择 `<body><div#main><div#main content><div#content link>` 标签，单击"新建 CSS 规则"按钮，添加一条对应"div#content_link"的 CSS 规则。

2）设置 CSS 样式如下所述。

内上边距（padding-top）：14 px；

内右边距（padding-right）：12 px；

字体设置：大小（font-size）9 px；字体粗细（font-weight）bold；

文本对齐（text-align）：right。

08 为 Div content_link 定义 CSS 样式。

1）选择 `<body><div#main><div#main content><div#content title>` 标签，单击"新建 CSS 规则"按钮，添加一条对应"div#content_title"的 CSS 规则。

2）设置 CSS 样式如下所述。

内上边距（padding-top）：10 px；

内左边距（padding-right）：70 px；

字体设置：字体（font-family）"华文行楷"；大小（font-size）24 px；字体粗细（font-weight）bold；行高（line-height）32 px。

09 为 Div content_text1 定义 CSS 样式。

1）选择`<body><div#main><div#main content><div#content text1>`标签，单击"新建 CSS 规则"按钮![btn]，添加一条对应"div#content_text1"的 CSS 规则。

2）设置 CSS 样式如下所述。

宽（Width）：330 px；

定位方式——浮动（Float）：right（向右浮动）；

外上边距（Margin-top）：40 px；

外右边距（Margin-right）：20 px；

字体设置：字体（font-family）"楷体"；大小（font-size）14 px；字体粗细（font-weight）bold；行高（line-height）20 px；文字颜色（color）#006aad。

10 为 Div content_text2 定义 CSS 样式。

Div content_text2 的样式与 Div content_text1 大致相同，具体 CSS 样式如下所述。

宽（Width）：330 px；

定位方式——浮动（Float）：right（向右浮动）；

外上边距（Margin-top）：10 px；

外右边距（Margin-right）：20 px；

字体设置：字体（font-family）"楷体"；大小（font-size）10 px；字体粗细（font-weight）bold；行高（line-height）12 px；文字颜色（color）#AE5966；

11 为 Div content_text3 定义 CSS 样式，具体 CSS 样式如下所述。

宽（Width）：490 px；

定位方式——浮动（Float）：right（向右浮动）；

外上边距（Margin-top）：40 px；

外右边距（Margin-right）：16 px；

字体设置：大小（font-size）14 px；行高（line-height）24 px。

12 为整个页面的主体（body 标签）添加 CSS。

完成步骤 11 后，整个页面设计基本完成，但还需要调整页面的边距，具体 CSS 样式如下所述。

外边距（Margin）：0 px；

内边距（padding）：0 px。

任务检测与评估

任务完成后，请填写表 4.4，对自己的学习情况进行评估。

表4.4　任务检测与评估表

	检测项目	评分标准	分值	学生自评	教师评估
任务知识内容	用 Div 进行网页布局	熟练，一次性完成，得 10 分；一般熟练，反复操作后完成，得 8 分；询问，在别人指导下完成，得 6 分；未能完成，得 0 分	10		
	使用 CSS 样式表实现网页		10		
任务操作技能	使用 Div 搭建网页框架	能照布局示意图，正确地在 Dreamweaver 中插入合适的 Div 进行合理布局，得 25 分，错误一项扣 5 分；无 Div 的，得 0 分	25		
	对网页中每一个需要元素设置 CSS 样式	能通过合理设置网页中元素的 CSS 样式，实现网页最终的效果，得 55 分；每缺少一项扣 5 分；没有设置 CSS 样式的，得 0 分	55		

任务五　制作脚部页（footer.html）

任务目标　通过本次任务，利用所提供的素材，使用 Div 和 CSS 完成脚部页 footer.html 的制作。

任务分析　先看最终效果图（见图4.72）。

图 4.72　"脚部页"效果图

再看 CSS 布局背景图（见图4.73）。

图 4.73　CSS 布局背景图

从图 4.73 可以看出，脚部页（footer.html）主要由副标识（logo2）和版权（copyright）两部分构成，共三个 Div，即 footer、logo2、copyright。

任务步骤

首先还是从整个网页的大块入手，从 Div 开始。

先用 Div 搭建网页框架，组建网页结构，然后利用 CSS 修饰并完善整个网页。

01　新建一个空白 html 网页，用 Div 完成网页布局。

参照图 4.73，按照 Div 的大小及嵌套关系，先插入用作容器的 Div#footer，然后在 Div#footer 中再插入 Div#logo2、Div#copyright，最终效果如图 4.74 所示。

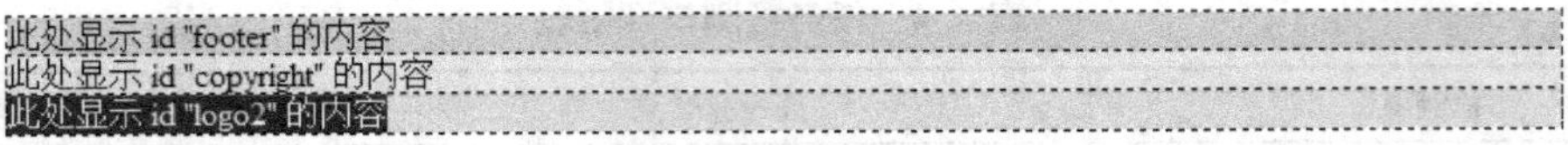

此处显示 id "footer" 的内容
此处显示 id "copyright" 的内容
此处显示 id "logo2" 的内容

图 4.74　插入 Div

02 插入文字、图片等网页素材到网页，如图 4.75 所示。

地址: 广东省佛山市顺德区新城区世纪大厦A座F101-109新世纪网校
Tel: +86 0757-23660380, Fax: +86 0757-23660380,
Copyright(C) 2010 New Century School Design.
All right reserved.　admin@newcetury.cn.

图 4.75　插入素材

03 为 Div#footer 定义 CSS 样式。

1）选择 `<body><div#footer>` 标签，单击"新建 CSS 规则" 📠 按钮，添加一条对应"div#footer"的 CSS 规则，并将 CSS 规则保存到站点 "others"目录的 footer.css 文件中。

2）设置 Div#footer 的 CSS 属性如下所述。

宽（Width）：1024 px；

高（Height）：74 px；

背景图片（Background-image）：url（../images/footer_bg.gif）。

04 为 Div#copyright 定义 CSS 样式。

Div#copyright 具体 CSS 属性如下所述。

宽（Width）：350 px；

定位方式——浮动（Float）：right；

外右边距（margin-right）：204 px；

内上边距（padding-top）：14 px；

内右边距（padding-right）：0 px；

内下边距（padding-bottom）：0 px；

内左边距（padding-left）：0 px；

字体设置：大小（font-size）12 px；行高（line-height）：14 px；

文本对齐（text-align）：right。

05 为 Div#logo2 定义 CSS 样式。

Div#logo2 具体 CSS 属性如下所述。

宽（Width）：108 px；

外右边距（margin-left）：78 px；

内上边距（padding-top）：15 px；

06 为整个页面的主体（<body>标签）添加 CSS。

完成步骤 5 后，整个页面设计基本完成，但还需要调整页面的边距，具体 CSS 样式如下所述。

外边距（Margin）：0 px；

内边距（padding）：0 px。

任务检测与评估

任务完成后，请填写表 4.5，对自己的学习情况进行评估。

表 4.5　任务检测与评估表

	检测项目	评分标准	分值	学生自评	教师评估
任务知识内容	用 Div 进行网页布局	熟练，一次性完成，得 10 分；一般熟练，反复操作后完成，得 8 分；询问，在别人指导下完成，得 6 分；未能完成，得 0 分	10		
	使用 CSS 样式表修饰网页		10		
任务操作技能	使用 Div 搭建网页框架	能照布局示意图，正确地在 Dreamweaver 中插入合适的 Div 进行合理布局，得 25 分，错误一项扣 5 分；无 Div 的，得 0 分	25		
	对网页中每一个需要元素设置 CSS 样式	能通过合理设置网页中元素的 CSS 样式，实现网页最终的效果，得 55 分；每缺少一项扣 5 分；没有设置 CSS 样式的，得 0 分	55		

任务六　组装主页（index.html）

任务目标　通过前面的五个任务，已经完成了主页框架的搭建和框架所对应的四个内嵌网页的制作，本任务 6 只要将 top.html、left.html、main.html、footer.html 四个网页通过 iframe 嵌入到 index.html 中即可。

任务分析　先看任务所要达到的最终效果图（见图 4.76）。

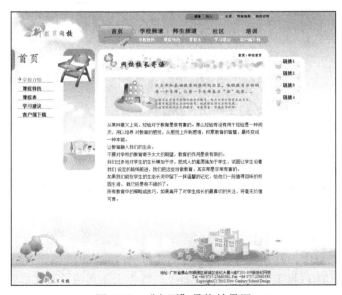

图 4.76　"主页"最终效果图

其布局示意图如图 4.77 所示。

图 4.77 CSS 布局背景图

由任务一实现的 index.html 的 iframe 框架布局的 CSS 框架，如图 4.78 所示。

1	
2	
3	
4	

图 4.78 iframe 框架布局示意图

图 4.76 与图 4.77 中的各个版块是一一对应的关系，通过本次任务，要将图 4.77 中的各个版块的网页依照关系装进图 4.78 的内嵌框架 iframe 中。

任务步骤

首先从网页框架网页容器 iframe 入手，设置好各 iframe 的属性，然后再按照 Div 所定义的块，定义各 Div 的 CSS 样式。

01 设置 iframe 的属性。

在项目四站点中，打开任务一所创建的主页 index.html。

因 iframe 为内嵌框架，在 Dreamweaver 属性栏无法直接设置其属性，这里通过修改 HTML 代码来设定各 iframe 的属性。

单击"视图"栏的"拆分"按钮 ![代码 拆分 设计]，可以看到 index.html 的 HTML 源代码如图 4.79 所示。

```
1   <!DOCTYPE html PUBLIC "-//W3C//DTD XHTML 1.0 Transitional//EN"
    "http://www.w3.org/TR/xhtml1/DTD/xhtml1-transitional.dtd">
2   <html xmlns="http://www.w3.org/1999/xhtml">
3   <head>
4   <meta http-equiv="Content-Type" content="text/html; charset=utf-8" />
5   <title>新世纪网校—首页</title></head>
6   <body>
7   <div id="container">
8     <div id="top"><iframe>此处显示  id "top" 的内容</iframe></div>
9     <div id="middle">
10      <div id="left"><iframe>此处显示  id "left" 的内容</iframe></div>
11      <div id="main"><iframe>此处显示  id "main" 的内容</iframe></div>
12    </div>
13    <div id="footer"><iframe>此处显示  id "footer" 的内容</iframe></div>
14  </div>
15  </body>
16  </html>
17
```

图 4.79　主页的 HTML 代码

依次为 top、left、main、footer 等 Div 内的 iframe 设置 id、name、src、frameborder、scrolling 等属性。

具体设置如下所述。

```
Div top
<iframe id>="iframe_top" name="top" src="top.html" frameborder="0" scrolling=
"no">
Div left
<div id="left"><iframe id="iframe_left" name="left" src="left.html"
frameborder="0" scrolling="no">
Div main
<div id="main"><iframe id="iframe_main" name="main" src="main.html"
frameborder="0" scrolling="0">
Div footer
<div id="footer"><iframe id="iframe_footer" name="footer" src="footer.
html" frameborder="0" scrolling="0">
```

02 设定 iframe iframe_top 的 CSS 属性。

选择 `<body><div#container><div#top><iframe#iframe_top>` 标签，单击"新建 CSS 规则"按钮 ![图标]，添加一条对应"iframe#iframe_top"的 CSS 规则，并将 CSS 规则保存到站点 "others" 目录的 index.css 文件中。

Div iframe#iframe_top 具体 CSS 属性如下所述。

宽（Width）：1024 px；

高（Height）：121 px。

03 设定 Div#middle 的 CSS 属性。

Div#middle 具体 CSS 属性如下所述。

宽（Width）：1024 px；

显示框类型（display）：inline-block（这个改框内元素的排列方式，强制横排）。

04 设定 Div#iframe_left 的 CSS 属性。

Div#iframe_left 具体 CSS 属性如下所述。

宽（Width）：273 px；

高（Height）：705 px；

定位方式——浮动（Float）：left。

05 设定 Div#iframe_main 的 CSS 属性。

Div#iframe_main 具体 CSS 属性如下所述。

宽（Width）：751 px；

高（Height）：705 px；

定位方式——浮动（Float）：right；

06 设定 Div#iframe_footer 的 CSS 属性。

Div#iframe_footer 具体 CSS 属性如下所述。

宽（Width）：1024 px；

高（Height）：74 px；

外边距（Margin）：0 px。

07 设定 Div#container 和<body>标签的 CSS 属性，使页面适应不同的分辨率，始终居中。

<body>标签的 CSS 属性如下所述。

外边距（Margin）：0 px；

内边距（Padding）：0 px；

文本对齐方式（text-align）：center。

Div#container 的 CSS 属性如下所述。

外上边距（margin-top）：auto；

外右边距（margin-right）：0 px；

外下边距（margin-bottom）：autos；

外左边距（margin-left）：0 px。

08 设定 left.html 中超链接目标，使其链接的网页在框架 iframe_main 中显示。

选择 <body><div#left><div#title><ul><li#first><a> 标签，并在"链接"菜单中选择
"main.html"选项，在"目标"菜单中选择"main"选项，其中"main"与 iframe 框架的"name"
相对应，如图 4.80 所示。

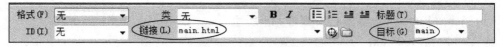

图 4.80 设置超链接属性

至此，主页设置完毕。

任务检测与评估

任务完成后，请填写表 4.6，对自己的学习情况进行评估。

表 4.6 任务检测与评估表

	检测项目	评分标准	分值	学生自评	教师评估
任务知识内容	用 Div 进行网页布局	熟练，一次性完成，得 10 分；一般熟练，反复操作后完成，得 8 分；询问，在别人指导下完成，得 6 分；未能完成，得 0 分	10		
	使用 CSS 样式表实现网页		10		
	掌握用 iframe 框架制作导航型网页的具体方法		10		
任务操作技能	使用 Div 搭建网页框架	能照布局示意图，正确地在 Dreamweaver 中插入合适的 Div 进行合理布局，得 15 分，错误一项扣 3 分；无 Div 的，得 0 分	15		
	对网页中每一个需要元素设置 CSS 样式	能通过合理设置网页中元素的 CSS 样式，实现网页最终的效果，得 30 分；每缺少一项扣 5 分；没有设置 CSS 样式的，得 0 分	40		
	使用内嵌框架 iframer 制作导航型网页	会使用 iframe 套装网页，并使用套装网页构建新的主页，会通过处理超链接的目标，来实现网页内的页面内容更新、跳转的，得 15 分；有 iframe 并嵌套了网页的，得 10 分；无网页嵌套的，得 5 分；无 iframe 的，得 0 分	15		

项目评价

通过完成本项目各任务，可以完成学校网站的制作。请认真填写表 4.7 以检查自己的学习情况。

表 4.7 项目检测与评估表

	检测项目	评分标准	分值	学生自评	教师评估
项目功能（50 分）	用 Div 和 iframe 完成主页框架布局	不用表格，全部网页用 Div 和 iframe 完成主页的布局	20 分		
	用 CSS 完成页面的修饰	利用 CSS 样式表设定各页面的定位、背景、边框样式、文字样式等	30 分		
知识掌握（30 分）	Div 进行页面布局	学会在 Dreamweaver 中用 Div 创建页面布局	5 分		
	利用 ul 制作导航菜单	利用 ul 和 CSS 样式完成横向、纵向导航菜单的制作	15 分		
	掌握 CSS 背景样式的设置	熟练掌握应用 CSS 设置页面、方框的背景样式	5 分		
	掌握 CSS 文本样式的设置	熟练掌握应用 CSS 设置文字的字体、大小、字形、行距等文字样式	5 分		
	掌握 CSS 边框样式的设置	熟练掌握应用 CSS 设置边框的定位、浮动、宽、高等样式	5 分		
技能熟练程度及解决问题能力（20 分）	功能的掌握与扩展	掌握 DIV、CSS 设计网页的基本思路和流程，掌握 DIV 布局的方法，CSS 设置网页样式的技巧，掌握设计 Web2.0 标准网站的基本方法	15 分		
	无表格布局的网页设计思想的建立	通过实践无表格化的 DIV、CSS 网页设计，树立内容与表现形式分享的设计思想	5 分		

5

项目五　创建"扬帆货运"企业网站页面

项目说明

　　本项目主要应用 Photoshop 软件来设计一个网站主页效果图，并生成网页。通过该项目的学习，我们要了解网页设计的基本知识和网页各元素的设计方法，制作出各类网站的主页效果图。

准备一　认识色彩

准备二　网页的配色技巧

准备三　设计网站的 logo 及 banner

准备四　Photoshop 设计界面效果与切图

任务一　运用参考线进行网页布局

任务二　logo 和 banner 的设计

任务三　主页版块的设计

任务四　Photoshop 切片生成网页

技能目标

1. 了解网页配色的原则和方法。
2. 了解简单 logo 和 banner 的设计方法。
3. 基本掌握网站主页界面图设计的基本知识。
4. 掌握应用 Photoshop 切图生成网页。

准备一 认识色彩

自然界中有很多种色彩，如太阳是红色的，大海是蓝色的，香蕉是黄色的……但是最基本的色彩只有三种（红，黄，蓝），其他的色彩都可以由这三种色彩调和而成。我们称这三种色彩为"三原色"。网页 html 语言中的色彩表达即是用这三种颜色的数值表示。例如，红色是 color(255,0,0)，十六进制的表示方法为(FF0000)，白色的表示方法为（#FFFFFF），我们经常看到的"bgColor=#FFFFFF"就是指背景色为白色。为了能更好地应用色彩来设计网页，要先来了解一些色彩的基本概念。

1. 色彩的三要素

自然界的色彩虽然各不相同，但任何色彩都具有色相、明度、饱和度这三个基本属性。

1）色相：色相是指色彩的相貌，是指各种颜色之间的区别，是色彩最显著的特征，是不同波长的色光被感觉的结果。光谱中有红、橙、黄、绿、蓝、紫六种基本色光，人的眼睛可以分辨出约 180 种不同色相的颜色，如图 5.1 所示的色相环。

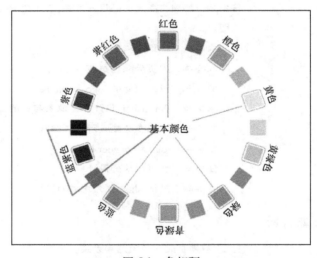

图 5.1 色相环

2）饱和度：饱和度是指色彩的鲜艳程度，也称色彩的纯度。饱和度取决于该色中含色成分和消色成分（灰色）的比例。含色成分越大，饱和度越大；消色成分越大，饱和度越小。

3）明度：明度是指色彩的深浅、明暗，它决定于反射光的强度，任何色彩都存在明暗变化。其中黄色明度最高，紫色明度最低，绿、红、蓝、橙的明度相近，为中间明度。另外在同一色相的明度中还存在深浅的变化。如绿色中由浅到深有粉绿、淡绿、翠绿等明度变化。

2. RGB 色彩体系

人们把红（Red）、绿（Green）、蓝（Blue）这三种色光称之为"三原色光"，RGB 色彩体系就是以这三种颜色为基本色的一种体系。目前这种体系普遍应用于数码影像中，如电视、计算机屏幕、数码相机、扫描仪等。RGB 值是从 0～255 之间的一个整数，不同数值叠加会产生不同的色彩。而当相同数值的 RGB 叠加时，则会变成白色，如图 5.2 所示的颜色叠加效果。

3. CMYK 色彩体系

CMYK 分别代表青（Cyan）、品红（Magenta）、黄（Yellow）、黑（Black），这是一种基于反光的色彩体系，常用于彩色印刷中。CMYK 值是以浓度 0～100% 来表示，不同浓度叠加会产生不同的色彩。理论上相同浓度的 CMY 叠加，则会变成黑色，如图 5.3 所示，但实际混合色料后并不会呈现黑色而是暗灰色，所以以将黑色独立出来，增加印刷时颜色的范围。

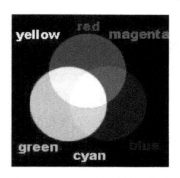 

图 5.2　RGB 颜色叠加效果　　　　图 5.3　CMY 颜色叠加效果

4. 色彩及心理

当人们看到不同的颜色时，心理会受到不同颜色的影响而发生变化。色彩本身是没有灵魂的，它只是一种物理现象。人们长期生活在一个色彩的世界里，积累了许多视觉经验，一旦知觉经验与外来色彩刺激发生一定的呼应，就会在人的心理上引出某种情绪。这种变化虽然因人而异，但大多会有下列心理反应。

红色给人的感受是强烈、热情、喜悦，也使人表现急躁与愤怒；

黄色是明亮、年轻、光明、开朗，充满活力；

绿色给人以清新、清爽、年轻的印象感，像春天般充满活力；

蓝色具有理智的、寂静的印象感，令人感觉清凉和整洁；

黑色代表严肃、庄重、权威，以及恐怖、严酷；

灰色具有恬淡的平静感和稳定性。

准备二 | 网页的配色技巧

可以根据色彩与心理反应的对应关系，灵活运用网页配色技巧。

1. 网页标题

网页标题是网站的指路灯，浏览者要在网页间跳转，要了解网站的结构，网站的内容，都必须通过导航或者页面中的一些小标题。所以可以使用稍微具有跳跃性的色彩，吸引浏览者的视线，让其感觉网站清晰明了，层次分明。

2. 网页链接

一个网站不可能只是单一的一页，所以文字与图片的链接是网站中不可缺少的一部分。这里特别指出文字的链接，因为链接区别于文字，所以链接的颜色不能跟文字的颜色一样。现代人的生活节奏相当快，不可能浪费太多的时间在寻找网站的链接上。通过设置独特的链接颜色，让人感觉其独特性，由此产生的好奇心必然趋使其移动鼠标，点击网页。

3. 网页文字

如果一个网站使用了背景颜色，则必须要考虑到背景颜色的用色以及与前景文字的搭配等问题。一般的网站侧重的是文字，所以背景可以选择纯度或者明度较低的色彩，文字用较为突出的亮色，以让人一目了然。

4. 网页标志

网页标志是宣传网站最重要的部分之一，所以这两个部分一定要在页面上重点突出。怎样做到这一点呢？可以将 logo 和 banner 做得鲜亮一些，也就是在色彩方面将其与网页的主题色分离开来。有时候为了更突出，也可以使用与主题色相反的颜色。为了能让自己的网页设计得更靓丽、更舒适，为了增强页面的可阅读性，页面各要素间的色彩必须合理、恰当地运用与搭配。

网页色彩的搭配技巧如下所述。

1）用一种色彩。这里是指先选定一种色彩，然后调整透明度或者饱和度（即将色彩变淡或加深），产生新的色彩用于网页。这样的页面看起来色彩统一，有层次感。

2）用两种色彩。先选定一种色彩，然后选择其对比色（在 Photoshop 里按 Ctrl+Shift+I 组合键）。很多主页以蓝色和黄色为主调就是这样确定的。整个页面色彩丰富但不花哨。

3）用一个色系。简单的说就是用一个感觉的色彩，如淡蓝、淡黄、淡绿；或者土黄、土灰、土蓝。确定色彩的方法各人不同，如可以在 Photoshop 里按前景色方框，在弹出的拾色器窗中选择"自定义"，然后在"色库"中选色彩即可。

在网页配色中，需要注意以下两点。

1）不要将所有颜色都用到，尽量控制在三种色彩以内。

2）背景和前文的对比尽量要大（绝对不要用花纹繁复的图案作背景），以便突出主要文字内容。

当然，随着网页制作经验的积累，用色有这样的一个趋势，即单色>五彩缤纷>标准色>单色。一开始因为技术和知识缺乏，只能制作出简单的网页，色彩单一；在有一定基础和材料后，希望制作一个漂亮的网页，将自己收集的最好的图片，最满意色彩堆砌在页面上；但是时间一长，却发现色彩杂乱，没有个性和风格；第三次重新定位自己的网站，选择好切合自己的色彩，推出的站点往往比较成功；当最后设计理念和技术达到顶峰时，则又返璞归真，用单一色彩甚至非彩色就可以设计出简洁精美的站点。

准备三 设计网站的 logo 及 banner

网站的标志是一个网站的名片，更是网站的灵魂所在，所以在网页设计中网站 logo 设计的重要性就不言而喻了。

1. 什么是 logo

翻开字典，可以找到这样的解释："logo：n.标识语"。我们这里谈的"logo"是指标志、徽标的意思。

2. logo 的作用

1）logo 是与其他网站链接以及让其他网站链接的标志和门户。Internet 之所以叫做"互联网"，在于各个网站之间可以链接。要让其他人走入你的网站，必须提供一个让其进入的门户。而 logo 图形化的形式，特别是动态的 logo，比文字形式的链接更能吸引人的注意。在如今争夺眼球的时代，这一点尤其重要。

2）logo 是网站形象的重要体现。就一个网站而言，logo 即是网站的名片。而对于一个追求精美的网站，logo 更是它的灵魂所在，即所谓的"点睛"之处。

3）logo 能使受众便于选择。一个好的 logo 往往会反映网站及制作者的某些信息，特别是对一个商业网站来说，人们可以从中基本了解到这个网站的类型，或者内容。在一个布满各种 logo 的链接页面中，这一点会突出的表现出来。想一想，当在大堆的网站中寻找自己想要的特定内容的网站时，一个能让人轻易看出它所代表的网站的类型和内容的 logo 会有多重要。

3. logo 的制作工具和方法

目前并没有专门制作 logo 的软件，人们可以通过图像处理软件或者动画制作软件来制作 logo，如 Photoshop、Fireworks 等。而 logo 的制作方法也和制作普通的图片及动画类似，不同的只是规定了其大小。

4. logo 应满足的条件

一个好的 logo 应满足以下几个条件：

1）精美、独特；

2）与网站的整体风格相融；

3）能够体现网站的类型、内容和风格。

5. banner 设计的特点

banner 的本身形状：形状决定了其固定的构成方式，一般为矩形、横幅、左右结构或居中；

banner 的文字特点：主题式，一般分为主标题和副标题，文字较多；设计的时候还需要考虑应用到网站各种尺寸推广图的可读延伸性。

banner 的图像特点：辅助主题，增加文字的渲染力。

banner 的传达行为方式：载体为计算机屏幕，IE 浏览器的第一屏位置，用户眼睛焦点停留时间为 3 秒以上。

文字是主要部分，图像则只是辅助功能。所以，文字在 banner 设计中应多花心思。

准备四 Photoshop 设计界面效果与切图

在开发网站之前，首先要设计好网页的大致版面，然后再制作成网页。在设计网页版面时，重点需要考虑页面的色彩搭配、框架布局。因为后面将按照设计好的版面把文字、图像等元素进行编排，以及添加多媒体动画、CSS 样式、动作行为等效果，从而形成网页。我们利用最常用的图形图像设计工具——Photoshop 来设计网页版面。用 Photoshop 设计网页界面效果，利用切图功能生成静态网页，是网页设计最重要的一步，这一步基本决定了网页的布局、结构、颜色等。

在互联网普及的今天，企业网成了很多公司不可缺少的重要组成部分，企业网可以提高企业整体竞争力，也可以树立企业形象，增强企业文化，可以让客户了解公司的商业信息，直接或间接销售产品，为公司做宣传。本项目将制作一个货运公司的网站效果图。

用 Photoshop 设计网站的方法差别不大，但网页效果图的制作又有不同的特点，主要体现在布局上。网页布局时有很多原则，在此不深入讲解，请用 Photoshop 来模仿制作如图 5.4 所示的一个企业网站的主页界面效果图。

图 5.4 网站主页效果图

首先进行色彩和布局分析，制作网页时如何合理搭配多种颜色使页面华而不乱是首要问题，如图 5.4 所示。该网页以蓝色调为主色调，突出企业的特点，导航以灰色和黑色为主，导航文字使用白色，banner 和整个版面以红色为点睛色。版面文字颜色以黑色为主，整个网页给人整体感觉是温暖、沉稳的。

除了色彩，网页布局结构也很重要。如图 5.4 所示，该网页以 banner 为界线，整体结构属于上下型结构，主要内容区使用左中右结构，文字和图片互相衬托。各栏目以版块头部的实线为界，结构非常清晰。

任务一　运用参考线进行网页布局

■ 任务目标　运用 Photoshop 的参考线来对效果图进行布局，方便在设计过程中对页面进行规划，以积累网页布局的经验。

■ 任务分析　本任务看似简单，其实是为方便设计过程而要进行的精准布局，因此并不简单，并且也很重要。

首先按照网站效果图，并通过运用参考线来进行布局。

任务步骤

01 打开 Photoshop CS4，新建一个大小为 1000×900、白底的文件。

02 调出标尺，可以按 Ctrl+R 组合键，也可以通过执行"视图">"标尺"命令来打开标尺，这时出现了一个水平和垂直的标尺，如图 5.5 所示。

03 将鼠标放在水平标尺内，单击并拖动到画布内，这样一根水平的参考线就出现在画布中，同样，也可以从垂直标尺中拉出竖直的参考线，如图 5.6 所示。

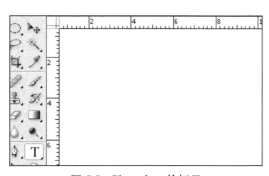

图 5.5　Photoshop 的标尺

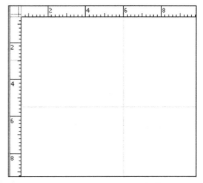

图 5.6　垂直和水平的参考线

04 布局线的功能主要是可以将画布分成很多块，在设计时可以按照布局线的区域进行设计或对齐，以便整体把握网页的布局。所以应按照图片的要求，进行精准的布局，因此常常需要精确地计算参考线的位置，因为每一条参考线都是有用的。本例中，可以将网页的上下左右分成几块，按照效果图的要求用布局线进行布局，尺寸大小自己大致掌握。完成后的效果如图 5.7 所示。

图 5.7 主页最终布局图

任务检测与评估

任务完成后，请填写表 5.1，对自己的学习情况进行评估。

表 5.1 任务检测与评估表

检测项目		评分标准	分值	学生自评	教师评估
任务知识内容	参考线的使用	熟练，一次性完成，得 15 分；一般熟练，反复操作后完成，得 10 分；询问，在别人指导下完成，得 6 分；未能完成，得 0 分	15		
	参考线布局网页		15		
任务操作技能	利用参考线布局整个网页效果图	按要求和效果图布局，且在 15 分钟内完成得 70 分，熟练参考线的操作，并基本完成布局，得 50 分，基本熟练参考线的使用，但不能根据效果图进行布局，得 20 分	70		

任务二 ▎ **logo 和 banner 的设计**

▌**任务目标** 运用 Photoshop 来设计简单的网页 logo 和 banner，进一步了解 logo 和 banner 设计的原则和技巧。

▌**任务分析** 有了对 Photoshop 的熟练操作和对 logo 及 banner 基本知识的了解，完成本任务应该不难，但需要在完成本任务的过程中深入了解 logo 和 banner 的特点和作用。

▢ 任务步骤

01 按 Ctrl+H 组合键，隐藏布局线。

02 打开图层面板，新建一个名为 logo 的文件夹，新建图层，并自行命名。

03 先制作 logo 的六边形，在工具栏上选择形状工具，右击选择多边形，如图 5.8 所示。

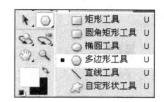

图 5.8　工具栏的多边形工具

04 在多边形的属性栏中设置填充像素，输入边的数目为"6"，如图 5.9 所示。

图 5.9　设置多边形的属性

05 设置前景色为蓝色：#13418C，将鼠标移到画布中，单击并拖动出一个大小合适的六边形，并用正圆选择工具选择一个适合六边形大小的正圆形，移动到六边形中心位置，如图 5.10 所示。

06 按 Delete 键，删除选区内区域，效果如图 5.11 所示。

图 5.10　正圆选择工具　　　　　　图 5.11　删除正圆选区内区域

07 新建图层，在新图层内用钢笔工具勾勒出如图 5.12 所示的选区，并填充颜色。

08 给选区描边 2 像素，居外，描边后如图 5.13 所示。

图 5.12 钢笔工具勾画的选取

图 5.13 选区描边 2 像素

09 添加网站名称，Photoshop 的操作不在此详细讲解，调整到合适位置，效果如图 5.14 所示。

10 按 Ctrl+H 组合键，显示布局线，根据布局线，新建图层，制作一个矩形灰色颜色块，作为背景，如图 5.15 所示。

图 5.14 添加网站名称

图 5.15 logo 区域的灰色背景

11 在图层面板中新建文件夹 menu，在其中新建图层，用钢笔工具勾勒出导航栏背景选区，制作如图 5.16 所示的导航栏背景，并添加文字。

图 5.16 导航栏

制作 banner 的步骤如下所述。

12 先处理素材图片，打开高楼大厦素材图片，用裁剪工具 选择需要的部分，按 Enter 键可以剪出所需要的部分，如图 5.17 所示。

图 5.17 利用裁剪工具处理素材图片

13 单击图层面板下面的 ▣ 图标为该层添加模板，把高楼大厦以外的地方涂掉，结果如图 5.18 所示。

图 5.18　利用蒙板去掉背景

14 用同样的方法处理飞机素材和人素材的图片。
接下来制作云的效果。

15 打开云的素材图片，全选云的图片，并复制。

16 回到主页，按照布局线的布局选中 banner 区域，执行"编辑">"贴入"命令，或按 Shift+Ctrl+V 组合键将云的素材图片贴入 banner 区域，如图 5.19 所示。

图 5.19　将云的素材图片贴入 banner

17 将其他处理好的素材图片按层次顺序移入 banner 区域，如图 5.20 所示。

图 5.20　用素材图片组合 banner

18 设计 banner 的文字效果，如图 5.21 所示。至此，任务完成。

图 5.21　在 banner 中添加文字效果

任务检测与评估

任务完成后，请填写表 5.2，对自己的学习情况进行评估。

表 5.2　任务检测与评估表

检测项目		评分标准	分值	学生自评	教师评估
任务知识内容	logo 的制作	熟练完成，且符合要求，得 10 分；一般熟练，且基本符合要求，得 8 分；询问，在别人指导下完成，得 6 分；未能完成，得 0 分	10		
	banner 图片的制作		10		
	banner 文字的设计		10		
任务操作技能	logo 的制作	按要求，完成 logo 的设计，得 10 分，不足一项扣 2 分	20		
	banner 图片的制作	按要求，完成 banner 图片的设计，得 10 分，不足一项扣 3 分	30		
	banner 文字的设计	按要求，完成 banner 图片的设计，得 10 分，错误一项扣 2 分	20		

任务三　主页版块的设计

■ **任务目标**　运用 Photoshop 来设计主页的各个版块，将企业重要的一些栏目合理有序地布局在网页版块中，使其成为网站主页的重要组成部分。

■ **任务分析**　本任务的重点将放在内容区域的 ICON 设计及内容排版方式上。

任务步骤

主页中会有一些比较重要的栏目，因此设计好主页版块是非常重要的，每一个版块都有版块标题、文章标题，本例如图 5.22 所示。

这些版块的设计风格应该统一，所以设计好这些版块对网站主页有决定性的意义。

在本项目中采用统一的 ICON 图标（———）、标题字体（中文黑体、英文 Arial）、标题颜色（中文黑色、英文红色）、一致的 MORE 标识（ MORE▶ ），这些都给人以强烈的一致感，从而起到了统一风格的作用。

本任务把重点放在内容区域的 ICON 的设计和内容的排版上，下面就来介绍具体的制作步骤。

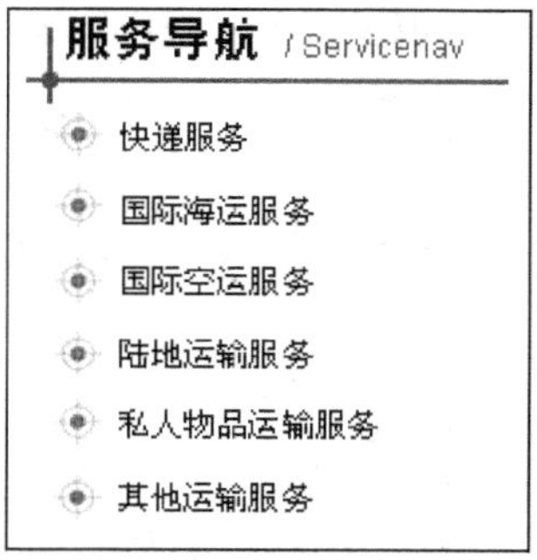

01 设计标题 ICON 图标。

ICON 图标采用两条交叉线再加一像素点的方法，目的是为了突出焦点，效果如图 5.23 所示。

1）新建一个大小为 178×28 的 PSD 文件，并另存为 icon.psd。

2）距左边界 9 像素，上边界 21 像素分别做两条辅助线，如图 5.24 所示。

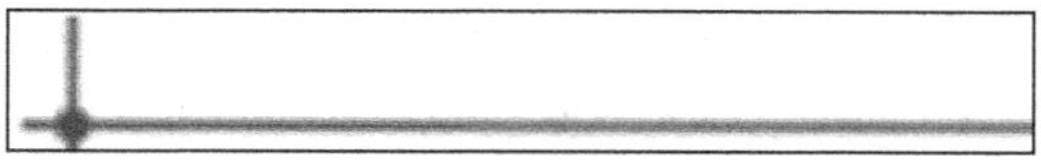

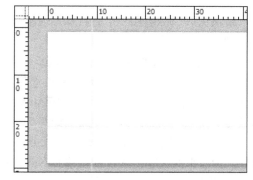

图 5.22 服务导航版块效果

图 5.23 ICON 最终效果图

图 5.24 用参考线布局 ICON

3）单击 图标，设置前景色为红色，选择"直线"工具，设置线形粗细为 2 像素，沿辅助线分别绘制两条交叉直线。

4）距离左边界 77 像素处再作一条辅助线，选择"直线"工具，复制形状 1 图层，并调整直线，使其起点到 77 像素起，并将前景色改为黑色。

5）选择"椭圆"工具，绘制一直径为 6 像素的正圆，并使其位于两条交叉线的中心，设置填充颜色为红色，得到最终效果图。

02 设计 MORE  标识。

制作过程：

1）新建一个大小为 40×12 的 PSD 文件，并另存为 more.psd。

2）绘制一个 40×12 的圆角矩形，半径为 2 像素，模式为"路径"，并对其进行描边和渐变填充。

3）描边大小为 1 像素，颜色为 #A6A6A6，渐变叠加颜色为 #CECECE，渐变模式为"前景色到背景色"，效果如图 5.25 所示。

图 5.25 MORE 标识背景

4）选择"文字"工具，输入"MORE"。

5）选择"自定义形状"工具，单击"绘制箭头"按钮，并单击"颜色叠加"按钮，设置颜色为红色，其他设置默认，图层结构如图 5.26 所示。

03 设计"服务导航"版块、"联系我们"版块，其中"服务导航"版块效果如图 5.27 所示。

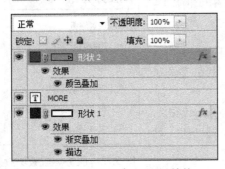

图 5.26 MORE 标识图层结构

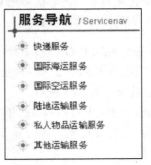

图 5.27 联系版块效果图

版块由一个标题和一个有特殊列表符号的文字列表组成，这里重点设计列表符号。

制作过程如下。

1）新建一个大小为 18×18 的 PSD 文件，并另存为 list_type.psd。

2）利用矢量工具，分别绘制两条宽为 1 像素、颜色为#FFA0A0 的交叉线，并以交叉线的交点为中心，分别绘制一个颜色为#FFA0A0、直径为 12 像素的空心圆，和一个颜色为#FF0000、直径为 6 像素的实心圆。具体效果如图 5.28 所示。

3）新建一个名为 left 的组，结合任务一的布局、步骤 01 制作的 ICON 和前面制作的 list_style 符号，输入页面文字，并设置相关文字的颜色、大小、间距，以完成服务导航版块的排版。

4）重复上一步，输入"联系我们"版块文字，并设置相关文字的颜色、大小、间距，即可完成"联系我们"版块的设计。

04 设计公司简介。

1）复制制作好的 ICON 和 MORE 标识，根据参考线布局好。

2）打开素材图片"5.jpg"，缩放到合适大小，在工具箱中选择"圆角矩形"工具，在其属性栏中单击路径图标 🔲🔳🔲 ，根据效果图在图片上拖出三个圆角矩形路径。

3）按 Ctrl+Enter 组合键，将路径变为选区，然后按 Ctrl+Shift+I 组合键进行反选，再按 Delete 键进行删除，得到如图 5.29 所示效果。

图 5.28 list_type 图层面板

图 5.29 图片效果

4）双击该图层，添加如图 5.30 和图 5.31 所示的图层效果。

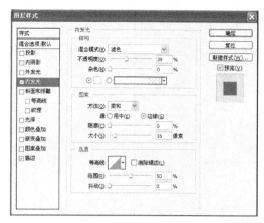

图 5.30　内发光图层效果参数

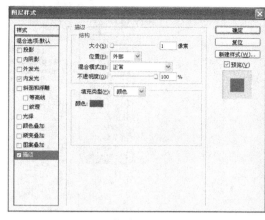

图 5.31　描边图层效果参数

5）添加文字，得到最终效果。

05 设计行业动态。

与步骤 03 方法相同。

06 设计快速查询。

1）复制制作好的 ICON 和 MORE 标识，根据参考线布局好。

2）制作简单的按钮。

3）添加文字。

07 设计运输支持和帮助支持。

与步骤 03 方法相同。

08 制作底部和版权信息部分。

1）在图层面板中新建一个名为 foot 的文件夹。

2）根据参考线，通过"矩形"工具选择一个底部矩形区，并填充白色。

3）双击该图层，设置如图 5.32～图 5.34 所示的图层样式。

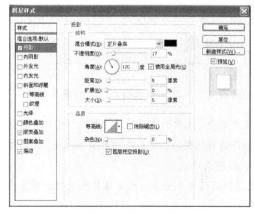

图 5.32　投影效果参数

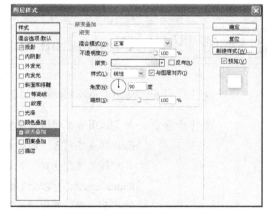

图 5.33　渐变叠加效果参数

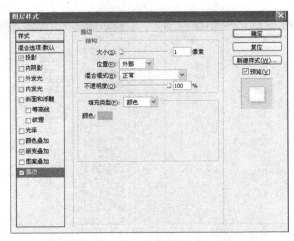

图 5.34 描边效果参数

4）添加文字。至此，任务三完成。

任务检测与评估

任务完成后，请填写表 5.3，对自己的学习情况进行评估。

表 5.3 任务检测与评估表

	检测项目	评分标准	分值	学生自评	教师评估
任务知识内容	制作 ICON 图标和 MORE 标识	熟练，一次性完成，得 15 分；一般熟练，反复操作后完成，得 10 分；询问，在别人指导下完成，得 6 分；未能完成，得 0 分	15		
	制作		15		
任务操作技能	利用参考线布局整个网页效果图	按要求和效果图布局，且在 15 分钟内完成得 70 分；熟练参考线的操作，并基本完成布局，得 50 分；基本熟练参考线的使用，但不能根据效果图进行布局，得 20 分	70		

任务四 | Photoshop 切片生成网页

■ **任务目标** 运用 Photoshop 来切图并生成 html 网页，实现从效果图到网页的重要转变。

■ **任务分析** 为了让图像在网络传输中的速度更快些，减少浏览者等待的时间，可以将网页版面切割成不同大小的切片，然后存储为网页，本任务将利用 Photoshop 的切片工具对网页进行切割，并存储为 Web 所用格式。

Photoshop 切片是从效果图转变到网页的重要一步，也是效果图应用到网页衔接的重要一步，操作相对简单。

任务步骤

01 在工具箱中选择切片工具，如图 5.35 所示。

根据参考线和主页部分的整体性，在图片上单击并拖动，就出现了一个切片，移动鼠标可以继续完成切片。右击，在弹出菜单上选择"编辑切片"选项，即可以在弹出的对话框中设置切片的相关属性，如图 5.36 所示。

图 5.35 工具栏中选择切片工具

图 5.36 编辑切片对话框

02 将整个图片按照需求切好，如图 5.37 所示。

图 5.37 切片效果图

03 执行"文件">"存储为 Web 和设备所用格式"命令，在如图 5.38 对话框中可以进行图像格式、大小、品质等的设置，设置完成后单击"存储"按钮。

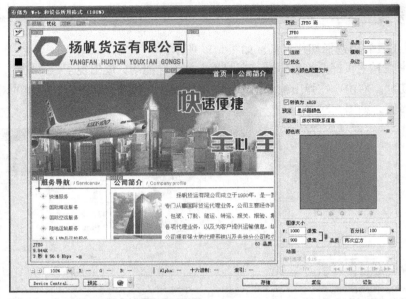

图 5.38　存储为 Web 和设备所用格式对话框

04 在如图 5.39 所示的"将优化结果存储为"对话框中，要注意保存方面的设置，具体设置如下所述。

图 5.39　保存对话框

■ 文件名：注意一定要用英文或数字，不能出现中文，这样才能保证生成的图片没有中文。

■ 保存类型：应根据需求来选择。如在"保存类型"菜单中选择"HTML 和图像"选项则会保存网页和图像文件，选择"仅限图像"选项则保存在 images 文件夹中，选择"仅限 html"选项则只会保存 HTML 文件。

■ 设置：使用默认设置。

■ 切片：根据需求来选择，可以选择"所有切片"，则所有切片都会形成图片文件，选择"所选切片"则仅保存所选切片的图像。

　　设置完成后，单击"保存"按钮，则计算机中会出现一个名叫 index.html 的文件和一个名叫 images 的图片目录，切分后的图片就保存在这里，如图 5.40 所示。

图 5.40　保存后的目录

任务检测与评估

　　任务完成后，请填写表 5.4，对自己的学习情况进行评估。

表 5.4　任务检测与评估表

检测项目		评分标准	分值	学生自评	教师评估
任务知识内容	切片工具的使用	熟练完成，且符合要求，得 10 分；一般熟练，且基本符合要求，得 8 分；询问，在别人指导下完成，得 6 分；未能完成，得 0 分	15		
	切图生成 Web 页面		15		
任务操作技能	为效果图切片	按要求，完成切片，并掌握切片工具使用，得 20 分，不足一项扣 2 分	30		
	保存为 Web 格式	按要求，保存为 Web 格式，得 30 分，不足一项扣 3 分	40		

项目评价

　　通过本项目各任务的学习，完成项目网站的制作。完成项目网站后，请认真填写表 5.5 以检查自己的学习情况。

表 5.5　项目五评价表

检测项目		评分标准	分值	学生自评	教师评估
项目功能（50 分）	网页参考线布局	网页参考线按照效果图进行布局	10 分		
	设计网站 logo 和 banner	模仿 logo 和 banner 与效果图相近	15 分		
项目功能（50 分）	设计网站效果图	模仿制作网站主页与效果图相近	15 分		
	Photoshop 切片生成网页	能按照要求切片并正确生成静态网页	10 分		
知识掌握（30 分）	颜色的基本知识	掌握颜色和网页配色的基本知识	10 分		
	logo 和 banner 的基本知识	认识和理解 logo 和 banner 的设计基本知识和技巧	10 分		
	网站主页设计和布局的基本知识	认识并掌握网站主页设计和布局的基本技巧	10 分		
技能熟练程度及解决问题能力（20 分）	效果图设计与扩展	熟悉网站主页效果图的设计，并能利用这些知识设计各类网站主页效果图	20 分		

6

项目六　创建"佛山奥园"房地产网站页面

项目说明

　　房地产网络营销方式通常为首先建立自己的网站（homepages），然后借助各种方式，让消费者获知该营销项目在互联网上的域名地址，而消费者则根据自己的需要来浏览房地产企业或项目的网页，了解正在营销的房地产项目，同时可以在线向房地产营销网站反馈一些重要的信息。

准备一　CSS 实现滤镜效果

准备二　Div+CSS 网页布局

准备三　自动跳转网页页面

准备四　打开浏览器窗口

准备五　弹出信息

准备六　跳转菜单

任务一　"佛山奥园房地产网站"首页的实现

任务二　"奥园简介"页面中跳转功能的实现

任务三　"精品楼盘"页面的实现

技能目标

1. 学会应用 CSS 实现滤镜效果。

2. 初步掌握 CSS+Div 网页布局。

3. 初步掌握行为的应用。

准备一 CSS 实现滤镜效果

网页制作在制作网站时会用到各种效果，可以用 CSS 的滤镜来实现这些效果。

1. 网站工作室常用的 CSS 滤境

1）Alpha 滤镜。

Alpha 滤镜：常出现于 Flash 和 Photoshop 软件中。其作用基本类似，就是把一个目标元素与背景混合。可以通过指定数值来控制混合的程度。与背景混合是指一个元素的透明度。通过指定坐标，可以指定点、线、面的透明度。Alpha 滤镜的参数有很多，如表 6.1 所示。

表 6.1 Alpha 滤镜参数

参数名	效果说明	取值说明
Opacity	不透明的程度，百分比	取值 0～100
FinishOpacity	可以制作出透明渐变的效果	取值 0～100
Style	指定渐变的显示形状	0：没有渐变；1：线性渐变；2：圆形渐变；3：矩形辐射
StartX	渐变开始的 X 坐标值	
StartY	渐变开始的 Y 坐标值	
FinishX	渐变结束的 X 坐标值	
FinishY	渐变结束的 Y 坐标值	

■ "Opacity"：代表透明度程度。取值范围 0～100，实际为百分比的形式。也就是说，0 代表完全透明，100 代表完全不透明。

■ "FinishOpacity"：是一个可选参数，如果想要设置渐变的透明效果，就可以使用其指定结束时的透明度。取值范围 0～100。

■ "Style"：指定了透明区域的形状特征。其中 0 代表统一形状，1 代表线形，2 代表放射状，3 代表长方形。

■ "StartX" 和 "StartY"：代表渐变透明效果的开始 X 和 Y 坐标。

■ "FinishX" 和 "FinishY"：代表渐变透明效果的结束 X 和 Y 坐标。

2）BlendTrans 滤镜。

BlendTrans 滤镜：淡入淡出效果的滤镜，能产生极精细的图片转换效果。BlendTrans 滤镜功能比较单一，只有一个参数 Duration（变换时间）。需要借助于 JavaScript 来实现转换功能。

3）Blur 滤镜。

把 Blur 滤镜加载到文字上，可产生立体字的效果，加载到图片上，可以产生风吹模糊效果。这样不仅美化网页，也为网页减轻分量。

下面介绍一下 Blur 滤镜的参数，以便灵活应用。

■ Add：是否让 Blur 滤镜起作用。Add 取 False（0）时 Blur 滤镜不起作用，取 True（0）时 Blur 滤镜起作用，只有两个值，即 true 和 false。

■ Direction：阴影的方向，取值范围 0～360°，45°一个间隔，所以实际上只有八个方向值。

■ Strength：代表有多少像素的宽度成为阴影，也可简单地理解为阴影的长度。其只能用整数来指定，默认值是 5 像素，即可根据实际需要来指定阴影的长度。同一网页中对不同的对象可以使用不同参数的 Blur 滤镜，只要给其取不同的名称就行了。

4）Chroma 滤镜。

在 Chroma 滤镜中，可以设置一个对象中指定的颜色为透明色，其表达式如下所示。

```
Filter：Chroma (Color=color)
```

这个滤镜的表达式是不是很简单？其只有一个参数。只需把想要指定为透明颜色的对象用 Color 参数进行设置即可。

5）Dropshadow 滤镜。

DropShadow 滤镜的作用是添加对象的阴影效果。实际效果就像是原来的对象离开了页面，然后在页面上显示出该对象的投影。其工作原理是建立一个偏移量，然后加上颜色。

Dropshadow 滤镜有四个参数，其含义如下所述。

■ Color：代表投射阴影的颜色。

■ OffX 和 OffY：分别是 X 方向和 Y 方向阴影的偏移量，其必须用整数值，如果是正整数，那么表示阴影向 X 轴的右方向和 Y 轴的下方向。若是负整数值，则阴影的方向正好相反。另外"OffX"和"OffY"数值的大小决定了阴影离开对象的距离。

■ Positive：取值 true（非 0），即为任意的非透明像素建立可见的投影。取值 fasle（0），即为透明的像素部分建立透明效果。

对文字加载 Dropshadow 滤镜比较方便的方法，是把 Dropshadow 滤镜加载到文字所在的表格单元格<td>上。文字比较小时，使用 Dropshadow 的效果不太理想，所以一般用于制作稍大的标题字。

Dropshadow 滤镜对一般图片无效，但把图片放到表格中，再给表格加载 Dropshadow 滤镜，则会产生立体边框的效果。

6）FlipV 滤镜。

FlipV 是一个垂直翻转对象的滤镜，当把 FlipV 加载到一个对象上时，该对象将产生一个垂直镜象，以此来创造垂直翻转的效果；其为无参数滤镜，功能单一，使用方便，效果显著。

7）Glow 滤镜。

对象应用 Glow 滤镜后，这个对象的边缘就会产生类似发光的效果，这种效果在图像处理软件中做起来比较麻烦，而在 Dreamweaver 中用 CSS 的 Glow 滤镜来制作却很简单，且节约字节。

Glow 滤镜只有两个参数，一个是 Color，指定发光的颜色；另一个参数 Strength 是发光的强度，也可理解为光芒的长度。取 1～255 之间的任意整数。

Glow 滤镜在图片上的应用：Glow 滤镜加载到一般图片无效，但若把图片加载到表格中，再给表格的<td>加上 Glow 滤镜，即能使图片产生一个渐变颜色的边框。

Glow 滤镜的参数不多，使用简单，效果明显。在具体应用时关键的问题是光芒颜色的选择，要与整个页面色彩协调。给图片和<td>可以用多种方式加载，配合背景的设置，可产生一些奇特的效果。

8）Gray 滤镜。

Gray 滤镜可把一张彩色图片转变为灰度图，即黑白图片。可应用于创意特殊题材，Gray

为无参数滤镜，功能单一，操作简单，效果明显。

9）Invert 滤镜。

Invert 滤镜可把一张图片转变为负片（相当于相片的底片）。可应用于创意特殊的题材，Invert 为无参数滤镜，功能单一，操作简单，效果明显。

10）Light 滤镜。

Light 滤镜能产生一个模拟光源的效果。可应用于特殊场合，营造奇特的气氛。Light 滤镜是无参数滤镜，配合 JavaScrpt 的调用来实现模拟光源的效果。

11）Mask 滤镜。

Mask 滤镜可以为网页元件对象产生一个矩形遮罩效果，实际可理解为用一块有色布把物件盖起来，但物件却被拿掉。

Mask 滤镜应用：在页面适当位置插入 1 行 1 列表格，在表格里输入文字，选择表格的单元格，然后，在属性面板"样式"菜单中选择"Mask"选项。

12）RevealTrans 滤镜。

RevealTrans 是动态滤镜，能产生 23 种动态效果，且还能在 23 种动态效果中随机抽取其中一种。

RevealTrans 滤镜只有两个参数：Duration 是切换时间，以秒为单位；Transition 是切换方式，有 23 种方式，如表 6.2 所示。

表 6.2　RevealTrans 滤镜参数

切换效果	Transition 值	切换效果	Transition 值
矩形从大至小	0	随机溶解	12
矩形从小至大	1	从上下向中间展开	13
圆形从大至小	2	从中间向上下展开	14
圆形从小至大	3	从两边向中间展开	15
向上推开	4	从中间向两边展开	16
向下推开	5	从左上向左下展开	17
向右推开	6	从右下向左上展开	18
向左推开	7	从左上向右下展开	19
垂直形百叶窗	8	从左下向右上展开	20
水平形百叶窗	9	随机水平细纹	21
水平棋盘	10	随机垂直细纹	22
垂直棋盘	11	随机选取一种特效	23

只要改变 Transition 的值，就能获得不同的效果。其必须借助 JavaScript 才能实现。

13）Shadow 滤镜。

利用 Shadow 滤镜可以在指定的方向建立物体的投影。投影的颜色可自行指定。

14）Wave 滤镜。

Wave 滤镜把对象按照垂直的波形样式扭曲，而产生的一种特殊效果。把 Wave 滤镜加载到文字上，就可得到波形文字的效果。

Wave 滤镜共有五个参数：

■ Add：表示是否要把对象按照波形式样扭曲，其只有两个值，即 true 和 false，默认值是 true（非 0），当然也可以修改其值为 false（0）。

■ Freq：是波纹的频率，即指定在这个对象上面一共需要产生多少个完整的波纹。

■ Lightstrength：可以对于波纹增强光影的效果。其取值范围 0～100 的整数值。

■ Phase：用来设置正弦波开始的偏移量。这个偏移量的通用值为 0，但是可以将其改变。其取值范围 0～100，这个数值代表开始时的偏移量取自波长的百分比值。例如，如果值为 25，那么正弦波就从 90°的方向开始。

■ Strength：表示波形的振幅大小，也可理解为扭曲的程度。

15）Xray 滤镜。

Xray 滤镜可把对象的轮廓显现出来并将其加亮。就像"X 光片"一样。可应用于创意特殊题材，Xray 为无参数滤镜，功能单一，操作简单，效果明显。

2. 应用类样式

"应用类样式"是唯一可以应用于文档中任意文本的 CSS 样式类型。与当前文档关联的所有类样式都显示在"CSS 样式"面板中和文本"属性"检查器的"样式"弹出的菜单中。

3. 应用自定义 CSS 样式

在文档中，选择要应用 CSS 样式的文本。

将插入点置于段落中，将 CSS 样式应用于整个段落。

如果在单个段落中选择一个文本范围，则 CSS 样式只影响所选范围。

> **提示**
>
> 当预览外部 CSS 样式表中定义的样式时，务必要保存该样式表以确保所做的更改。

若要指定应用 CSS 样式的确切标签，请在位于"文档"窗口左下角的标签选择器中选择标签。

执行下列操作之一可选择要应用的 CSS 样式：

■ 在"CSS 样式"面板（"窗口">"CSS 样式"）中，右击要应用的样式的名称，然后从上下文菜单选择"套用"选项。

■ 在文本属性检查器中，从"样式"弹出式菜单中选择要应用的类样式。

■ 在"文档"窗口中，右击所选文本，在上下文菜单中选择"CSS 样式"，然后选择要应用的样式。

■ 执行"文本">"CSS 样式"命令，然后在子菜单中选择要应用的样式。

4. 将自定义样式从选定内容中删除

选择要删除样式的对象或文本。执行下列操作之一：

■ 在文本属性检查器中，从"样式"弹出式菜单中选择"无"选项。

■ 在"相关 CSS"选项卡中右击要删除的已应用规则，然后从上下文菜单中执行"设置类">"无"命令。

5. 关于 CSS 样式的冲突

将两个或更多的 CSS 样式应用于同一文本时，这些样式可能发生冲突并产生意外的结果。浏览器根据以下规则应用样式属性。

■ 如果将两种样式应用于同一文本，浏览器显示这两种样式的所有属性，除非特定的属性发生冲突。例如，某一种样式可能将蓝色指定为文本颜色，而另一种样式可能指定红色作为文本颜色。

■ 如果应用于同一文本的两种样式的属性发生冲突，则浏览器显示最里面的样式（离文本本身最近的样式）的属性。因此，如果外部样式表和内联 CSS 样式同时影响文本元素，则应用内联样式。

■ 如果有直接冲突，则 CSS 样式（使用 Class 属性应用的样式）中的属性将取代 HTML 标签样式中的属性。

准备二　Div+CSS 网页布局

1. Div+CSS

简单地说 Div+CSS（Div CSS）被称为"Web 标准"中常用术语之一。首先 Div 是用于搭建 HTML 网页结构（框架）标签，像<b>、<h1>、<span>等 html 标签一样；然后 CSS 是用于创建网页表现（样式/美化）样式表统称，通过 CSS 来设置 Div 标签样式，这一切常常被称之为 Div+CSS。

2. 使用 Div+CSS 的优点

采用 Div+CSS 进行网页重构相对与传统的 Table 网页布局具有以下四个显著优势。

1）表现和内容相分离。

将设计部分剥离出来放在一个独立样式的文件中，HTML 文件中只存放文本信息。这样的页面对搜索引擎更加友好。

2）提高页面浏览速度。

对于同一个页面视觉效果，采用 Div+CSS 重构的页面容量要比用 Table 编码的页面文件容量小得多，前者大小一般只有后者的 1/2。浏览器就不用去编译大量冗长的标签。

3）易于维护和改版。

只要简单修改几个 CSS 文件就可重新设计整个网站的页面。

4）使用 Div+CSS 更符合现在的 W3C 国际标准。

3. 在 Div+CSS 中设置布局居中、背景图片居中、文字内容居中

在 Div CSS 布局的页面里，从布局内容到页面里文章文字居中都是常用的，而用 CSS 来设置居中也是非常简单的。

1）设置 CSS 属性使整体布局居中。

请想象整个页面的内容包含<html></html>和<body></body>，那根据较近父级就可设置 body 的 CSS 实现居中目的。具体 CSS 的居中代码为 body{text-aligh:center; }。但是因为没有设置布局有多宽（width），一旦内容布局中在最外层 CSS 控制中，设置了 float 属性，则布局将会向设置的 float 方向靠而出现未居中的问题。因此除了设置 body 的居中的 CSS 属性外，还需对布局对象设置居中，而且要定义宽度是多少。例如，网页宽度为 700 像素，最外层 CSS 样式为

class="weicheng"，则应该设置为".weicheng{margin:0 auto; width:700px；}"。对该对象设置 3
"margin:0 auto;"的含义是内容上下为 0 距离，而左右为"auto"自动，这样就可以设置实现网
页布局居中（以下代码中设置为 margin:5px auto;不影响效果）。以上案例的代码内容如下所述。

```
<html>
<head>
<meta http-equiv="Content-Type" content="text/html; charset=gb2312"/>
<title> CSS div 的布局居中实例</title>
<style type="text/css">
<!--
body{ text-align:center; }
.waicheng {color:#0066CC; margin:5px auto; width:700px; height:200px;
border:1px solid #000000;}
-->
</style>
</head>
<body>
<div class="waicheng">我是 css 中的居中的实验;我的布局外层有一个边为 1px 黑色边，
我宽 700px，高为 200px,设置了与顶部内容距离为 5PX</div>
</body>
</html>
```

2）设置 CSS 属性让网页的背景居中。

这里，居中指左右居中与上下居中，其居中代码如下所述。

```
body{BACKGROUND:#FFF url no-repeat center;}
//意为让 css-logo.gif 图片设置背景不重复（no-repeat），并将居中（center）设置左
    右居中，而垂直不需要设置，会自动居中
```

3）CSS 属性使文字、图片内容左右上下居中。

直接设置 text-align:center 即可让文字与图片内容居中。若要在页面高度为 120 像素的环境
下设置垂直居中，则图片居中的设置为 vertical-align:middle，文字居中就要靠设置行高方法来
实现。此处为 line-height:120px。该案例的代码如下所述。

```
<html>
<head>
<meta http-equiv="Content-Type" content="text/html; charset=gb2312" />
<title> CSS div 的完整居中实例</title>
<style type="text/css">
<!--
body{text-align:center;margin:0auto;background: url no-repeat center;}
.waicheng{color:#0066CC;margin:5px     auto;width:700px;height:120px;
line-height:120px;border:1px solid #000000; }
.waicheng img{vertical-align:middle;}
-->
```

```
</style>
</head>
<body>
<div class="waicheng">我是css中的居中的完整居中实例；我的布局外层有一个边为1px
<img src="http://www.divcss5.com/img/css-logo.gif" alt="图片内容居中"
/></div>
</body>
</html>
```

准备三 自动跳转网页页面

1. 网页行为

网页行为在网页中是比较多见的，如弹出窗口、鼠标移到图片完成切换等。当发生某事件时执行某动作的过程叫行为，行为是事件和动作的组合。如打开网页时，"打开对话框"的这个行为中，打开网页（onLoad）是事件，打开对话框是动作。

事件是指对网页施加影响的某件事，如单击（onclick），鼠标移到某对象上（onmouseover），双击（ondblclick），鼠标从某对象上移开（onmouseout），打开网页（onload），离开网页（onunload）。

以上事件一般作用在图片、链接上，不能直接作用在文字上。

2. 网页自动跳转

网页自动跳转，也叫自动跳转重定向，指当访问用户登录到某网站时，自动将用户跳转到其他网页地址的一种技术。跳转的网页地址可以是网站内的其他网页，也可以是其他网站。

3. 自动跳转页面网页设计

【例 6-1】 制作如下跳转网页，跳转前网页如图 6.1 所示，跳转后网页如图 6.2 所示。

图 6.1 跳转前网页样图

图 6.2　跳转后网页样图

制作过程如下所述。

1）先准备好如图 6.1 和图 6.2 所示的 page1.html 和 page2.html 两个网页。打开如图 6.1 所示的 Page1.html 页面。

2）打开"行为"编辑工具，执行"窗口">"行为"命令，在弹出的"行为"面板上单击"＋"按钮，在弹出的菜单中选择"转到 URL"选项，如图 6.3 所示。继而弹出"转到 URL"对话框，如图 6.4 所示。

> **提示**
>
> 使用"转到 URL"命令制作自动跳转页面效果。

图 6.3　"行为"面板

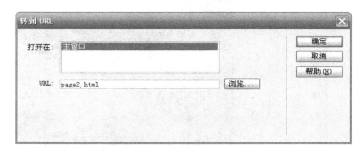

图 6.4　"转到 URL"对话框的设置

3）单击"转到 URL"对话框中的"浏览"按钮，选择准备好的如图 6.4 所示页面 Page2.html，单击"确定"按钮完成设置。

准备四 打开浏览器窗口

【例 6-2】 制作打开浏览窗口网页，如图 6.5 所示。

制作过程如下所述。

1）先准备好 page3.html、page4.html 两个网页，如图 6.6 和图 6.7 所示。弹出的 page4.html 窗口不能太大，内容要少一些。

图 6.5 网页样图

图 6.6 page3.html 页面

2）打开制作好的 page3.html 页面，把光标置于页面中所有表格之外，单击"行为"面板上的"+"按钮，从弹出菜单中选择"打开浏览器窗口"选项，如图 6.8 所示。

3）在"打开浏览器窗口"对话框中输入相应的设置。在"要显示的 URL"的文本框中输入"file://D|/奥园/av/page4.html"，在"窗口宽度"和"窗口高度"的文本框中输入的值可自行设定，单位为像素。根据需要，在"属性"右侧的各项参数的方框内打勾，如图 6.9 所示。

图 6.7　page4.html 页面

图 6.8　"行为"面板

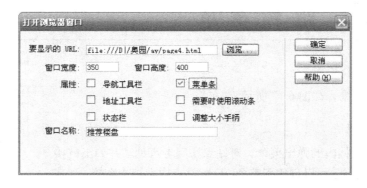

图 6.9　"打开浏览器窗口"对话框

4）设置完毕后，单击"确定"按钮。此时"行为"面板中将显示"打开浏览窗口"行为，触发条件为 onLoad，若为其他行为，可自行设置。

5）该行为也可以设置在图片及文字链接上。可以用这个方法来表示对浏览者打开网页时的欢迎词、网站公告、离开时的告别语等。

准备五 弹 出 信 息

打开前面已经编辑好的网页,执行"窗口">"行为"命令,则在弹出的"行为"面板中单击"+"按钮,如图 6.10 所示。在弹出的菜单中选择"弹出信息"选项,在"弹出信息"对话框中的"消息"文本框中输入"欢迎光临我们的网站!",如图 6.11 所示。单击"确定"按钮,完成设置。

图 6.10 "行为"面板

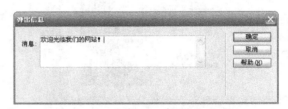

图 6.11 "弹出信息"对话框

准备六 跳 转 菜 单

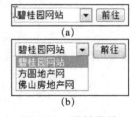

1. 效果

跳转菜单的效果,如图 6.12 所示。

2. 跳转菜单概述

跳转菜单是文档内的弹出菜单,对站点访问者可见,并列出链接到文档或文件的选项。可以创建到整个 Web 站点内文档的链接、到其

图 6.12 跳转菜单

他 Web 站点上文档的链接、到电子邮件链接、到图形的链接,以及到可在浏览器中打开的任意文件类型的链接。(可以当作友情链接用,这样虽占用了一个空间,但是可以链接多个地址,可增加网站的 PR 值)。

跳转菜单可包含以下三个基本部分:

■ 菜单选择提示(可选):菜单项的类别说明,或一些提示信息等。

■ 所链接菜单项的列表(必需):用户选择某个选项,则链接的文档或文件被打开。

■ "前往"按钮(可选)。

3. 插入跳转菜单

跳转菜单可建立 URL 与弹出菜单列表中的选项之间的关联。通过从列表中选择一项，用户将被重定向（或"跳转"）到指定的 URL。

建立跳转菜单的具体过程如下。

1）新建一个文档，然后将插入点放在"文档"窗口中。执行"插入" > "表单" > "跳转菜单"命令，出现"跳转菜单"对话框，如图 6.13 所示。

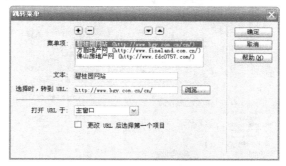

图 6.13   "跳转菜单"对话框

2）在"跳转菜单"对话框中设置如图 6.15 所示的三个网站，分别为碧桂园网站（http://www.bgy.com.cn/），方圆地产网（http://www.fineland.com.cn/），佛山房地产网（http://www.fdc0757.com/）。

3）保存文档，按 F12 键预览，选择"跳转菜单"列表中的链接，即可打开相应的目标。

4）编辑"更改跳转菜单"项：修改跳转菜单可在"属性"面板或"行为"面板中进行。可更改列表顺序或项所链接到的文件，也可添加、删除或重命名项；若要更改链接文件的打开位置，或者添加或更改选择提示，则必须使用"行为"面板。

任务一　"佛山奥园"房地产网站首页的实现

任务目标　通过本次任务，将前面所学的"打开浏览器窗口"和"弹出信息"命令应用到实例中。通过用"打开浏览器窗口"命令制作浏览网页时自动打开一个新窗口，和使用"弹出信息"命令制作浏览网页时弹出信息的效果，进一步练习综合网页页面的制作。灵活应用前面掌握的知识，从而熟练制作网页。

任务分析　首先要运用前面学过的知识点插入表格，然后插入图片、文字、动画等，以完成首页页面的制作。接着实现打开新窗口和弹出信息功能。

任务步骤

01 主页制作。

1）建立一个站点。

2）插入表格，然后插入图片、文字、动画等，以完成首页页面的制作，如图 6.14 所示。

图 6.14 首页页面

02 弹出信息的设置。

打开前面已经编辑好的网页,单击网页中的"提交"按钮,如图 6.15 所示。

执行"窗口">"行为"命令,即可打开"行为"面板。单击"行为"面板中的"+"按钮,在弹出的"行为"菜单中选择"弹出信息"选项,在弹出的"弹出信息"对话框中的"消息"文本框中输入"提交成功!谢谢你的配合!",如图 6.16 所示,单击"确定"按钮。

图 6.15 "提交"按钮

图 6.16 "弹出信息"对话框

在"行为"面板中单击"▦"按钮,在弹出的下拉菜单中选择的"onclick"选项,这表示在单击网页中的"提交"按钮时可弹出信息,如图 6.17 所示。

03 打开新窗口的设置。

为已经做好的首页自动打开一个新窗口,内容为推荐楼盘,效果如图 6.18 所示。

图 6.17   "行为"面板

图 6.18   弹出"推荐楼盘"窗口

先准备好弹出窗口 page4.html 网页，如图 6.19 所示。弹出的窗口 page4.html 不能太大，宽度、高度分别为 350 像素、400 像素。

打开制作好的奥园主页页面，把光标置于页面中所有表格之外，单击"行为"面板上的"+"按钮，从弹出的"行为"菜单中选择"打开浏览器窗口"选项。

在"打开浏览器窗口"对话框中输入相应的设置。在"要显示的 URL"文本框中输入"file:///D|/奥园/av/page4.html"，在"窗口宽度"和"窗口高度"文本框中输入的值可自行设定，单位为像素。根据需要在"属性"右侧的各项参数的框内打勾，如图 6.20 所示。

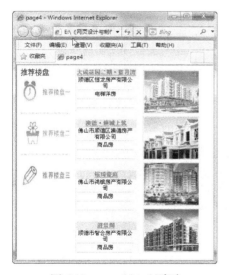

图 6.19   page4.html 页面

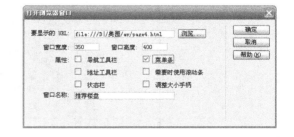

图 6.20   "打开浏览器窗口"对话框

设置完毕后，单击"确定"按钮。此时"行为"面板中将显示"打开浏览器窗口"行为，触发条件为 onLoad，若为其他行为，可自行设置。

任务检测与评估

任务完成后，请填写表 6.3，对自己的学习情况进行评估。

表 6.3　任务检测与评估表

检测项目		评分标准	分值	学生自评	教师评估
任务知识内容	站点配置	熟练, 一次性完成, 得 15 分; 一般熟练, 反复操作后完成, 得 10 分; 询问, 在别人指导下完成, 得 8 分; 未能完成, 得 0 分	5		
	页面的制作		15		
	弹出信息的设置		15		
	弹出窗口的设置		15		
任务操作技能	站点配置	按站点建立的要求, 完成站点建立, 得 5 分, 错误一项扣 2 分	5		
	页面的制作	主页和弹出页面制作都美观且位置安排合理得满分, 每出现一处错误扣 2 分	25		
	弹出信息的设置	文字和 onclick 设置都正确得满分, 错误一项扣 5 分	10		
	弹出窗口的设置	窗口大小和 onLoad 设置都正确得满分, 错误一项扣 5 分	10		

任务二　"奥园简介" 页面中跳转功能的实现

■ **任务目标**　通过本次任务, 完成 "奥园简介" 页面中的跳转功能, 掌握跳转菜单的制作方法。

■ **任务分析**　本次任务最重要的部分在于跳转菜单的制作 (与任务一同理, 可以当作友情链接用)。

任务步骤

01 制作奥园简介的页面, 如图 6.21 所示。

图 6.21　"奥园简介" 页面

02 将插入点置于"文档"窗口中。执行"插入">"表单">"跳转菜单"命令，即可出现"插入跳转菜单"对话框。添加碧桂园网站（http://www.bgy.com.cn/）、方圆地产网（http://www.fineland.com.cn/）、佛山房地产网（http://www.fdc0757.com/）三个菜单项，如图 6.22 所示。

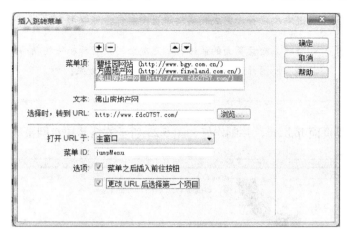

图 6.22 "插入跳转菜单"对话框

03 保存文档，按 F12 键预览，选择"跳转菜单"列表中的链接，单击"前往"按钮，即可打开相应的目标网页。

04 编辑"更改跳转菜单"项：修改跳转菜单可在"属性"面板或"行为"面板中进行。可更改列表顺序或项所链接到的文件，也可添加、删除或重命名项；若要更改链接文件的打开位置，或者添加或更改选择提示，则必须使用"行为"面板。

任务检测与评估

任务完成后，请填写表 6.4，对自己的学习情况进行评估。

表 6.4 任务检测与评估表

	检测项目	评分标准	分值	学生自评	教师评估
页面部分	页面样式美观	与图相符得 10 分，一般得 8 分，页面效果差得 5 分，未设计得 0 分	20		
	超链接设置正确	满分 5 分	10		
	跳转菜单设计合理，并且为每个菜单项添加超链接	跳转菜单设计正确得 5 分，有为每个菜单项添加超链接得 5 分	20		
技能熟悉程度	页面设置美观	未出现错误得 20 分，出现一个错误并能正确解决不扣分，不能解决扣 5 分	20		
	超链接设置正确	能实现主页与本页面的超链接，正确设置得 5 分，否则不得分	10		
	跳转菜单设计合理，并且为每个菜单项添加超链接	15 分钟内完成得满分，超出 5 分钟或不能独立完成扣 5 分	20		

任务三 "精品楼盘"页面的实现

任务目标 通过本次任务，完成精品楼盘页面制作，可以用 CSS 滤镜来实现各种效果。

任务分析 制作精品楼盘页面的最终目的是要为用户显示相关的精品楼盘图片。本任务要求将所有的图片都应用 CSS 滤镜来实现各种效果。

任务步骤

01 新建网页页面 lp.html，并制作好如图 6.23 所示的精品楼盘网页界面。

图 6.23 "精品楼盘"页面

02 使用 Alpha 滤镜制作图片半透明效果。

1）打开做好的 lp.html 页面，选择插入的第一张图片 lp_14.gif。

2）制作图片半透明效果。选择"窗口/CSS 样式"选项，单击"CSS 样式"面板中的下方的"新建 CSS 规则"按钮，在弹出的"新建 CSS 规则"对话框中进行设置，如图 6.24 所示。

3）单击"确定"按钮，即可弹出".tu的CSS规则定义"对话框，选择"分类"选项框中的"扩展"选项，在"过滤器"的下拉菜单中选择"Alpha"选项，将过滤器各参数值设置为"Alpha（Opacity=30，FinishOpacity=60，Style=1，StartX=0，StartY=1，FinishX=300，FinishY=200）"，如图6.25所示，单击"确定"按钮。

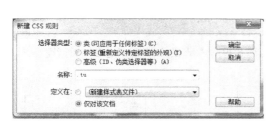

图6.24　"新建CSS规则"对话框　　　　　图6.25　".tu的CSS规则定义"对话框

4）选择如图6.26所示的图片，在"属性"面板的"类"下拉列表中选择"tu"选项，如图6.27所示。

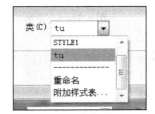

图6.26　选择第一张图片lp_14.gif　　　　　图6.27　"类"下拉列表

5）在Dreamweaver中看不到过滤器的真实效果，只有在浏览器的状态下才能看到真实效果。保存文档，按F12键预览效果。

03 使用Gray滤镜制作图片的黑白效果。

1）制作图片黑白效果，打开做好的lp.html页面，选择插入的第二张图片lp_16.gif。

2）选择"窗口/CSS样式"选项，在单击"CSS样式"面板中的下方的"新建CSS规则"按钮，在弹出的"新建CSS规则"对话框中进行设置，如图6.28所示。

3）单击"确定"按钮，即可弹出".hb的CSS规则定义"对话框，选择"分类"选项框中的"扩展"选项，在"过滤器"的下拉列表中选择"Gray"选项，如图6.29所示，单击"确定"按钮。

4）选择第二张图片lp_16.gif，如图6.30所示，在"属性"面板中的"类"下拉列表中选择"hb"选项，如图6.31所示。

5）在Dreamweaver中看不到过滤器的真实效果，只有在浏览器的状态下才能看到真实效果。保存文档，按F12键预览效果。

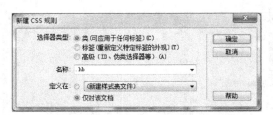

图 6.28　"新建 CSS 规则"对话框　　　　图 6.29　".hb 的 CSS 规则定义"对话框

图 6.30　选择第二张图片 lp_16.gif　　　　图 6.31　"类"的下拉菜单

04 使用 Invert 滤镜制作底片效果。

1）打开做好的 lp.html 页面，选择插入的第三张图片 lp_18.gif。

2）选择"窗口/CSS 样式"选项，单击"CSS 样式"面板中下方的"新建 CSS 规则"按钮，在弹出的"新建 CSS 规则"对话框中进行设置，如图 6.32 所示。

3）单击"确定"按钮，即可弹出".dq 的 CSS 规则定义"对话框，选择"分类"选项框中的"扩展"选项，在"过滤器"下拉列表中选择"Invert"选项，如图 6.33 所示，单击"确定"按钮。

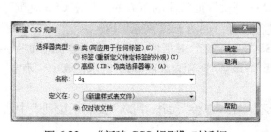

图 6.32　"新建 CSS 规则"对话框　　　　图 6.33　".dq 的 CSS 规则定义"对话框

4）选择第三张图片 lp_18.gif，如图 6.34 所示，在"属性"面板的"类"下拉列表中选择"dq"选项，如图 6.35 所示。

图 6.34 选择第三张图片 lp_18.gif

图 6.35 "类"下拉列表

5）在浏览器的状态下查看真实效果。保存文档，按 F12 键预览效果。

05 使用 Xray 光效果。

1）打开做好的 lp.html 页面，选择插入的第四张图片 lp_23.gif。

2）选择"窗口/CSS 样式"选项，单击"CSS 样式"中的 "新建 CSS 规则"按钮，在弹出的"新建 CSS 规则"对话框中进行设置，如图 6.36 所示。

3）单击"确定"按钮，即可弹出".xg 的 CSS 规则定义"对话框，选择"分类"选项框中的"扩展"选项，在"过滤器"的下拉列表中选择"Xray"选项，如图 6.37 所示，单击"确定"按钮。

图 6.36 "新建 CSS 规则"对话框

图 6.37 ".xg 的 CSS 规则定义"对话框

4）选择第四张图片 lp_23.gif，如图 6.38 所示，在"属性"面板的"类"下拉列表中选择"xg"选项，如图 6.39 所示。

图 6.38 选择第四张图片 lp_23.gif

图 6.39 "类"下拉列表

5）在浏览器的状态下查看真实效果。保存文档，按 F12 键预览效果。

任务检测与评估

任务完成后，请填写表6.5，对自己的学习情况进行评估。

表6.5 任务检测与评估表

检测项目		评分标准	分值	学生自评	教师评估
页面部分	页面样式美观	与图相符得10分，一般得8分，页面效果差得5分，未设计得0分	20		
	超链接设置正确	满分5分	10		
	CSS 滤镜设置正确	CSS 的滤镜设计正确每个得5分，四个共得20分	20		
技能熟悉程度	页面设置美观	无出现错误得20分，出现一个错误并能正确解决不扣分，不能解决扣5分	20		
	超链接设置正确	能实现主页与本页面的超链接，正确设置得5分，否则不得分	10		
	CSS的滤镜设计合理，并且能独立完成	15分钟内完成得满分，超出5分钟或不能独立完成扣5分	20		

项目评价

通过完成本项目各任务即完成房地产网站的制作。完成网站后，请认真填写表6.6以检查自己的学习情况。

表6.6 项目检测与评价表

检测项目		评分标准	分值	学生自评	教师评估
项目功能（50分）	打开浏览器窗口行为	完成任务一页面的制作，具备打开浏览器窗口功能，并且能设置或修改打开浏览器窗口的触发条件	15分		
	弹出信息行为	实现弹出信息的功能，并且能设置或修改弹出信息的触发条件	5分		
	跳转菜单行为	完成任务二页面的制作，实现跳转菜单行为	15分		
	CSS 实现滤镜效果	完成任务三页面的制作，会用 CSS 实现滤镜效果	15分		
知识掌握（30分）	页面的制作	页面的制作合理、美观	10分		
	超链接设置正确	熟练掌握超链接设置，在各页面间能灵活跳转	3分		
	行为的设置	熟练掌握打开浏览窗口、弹出信息、跳转菜单等行为的设置	7分		
	合理设置行为的触发条件	明白三个行为触发条件的意义和如何合理设置	5分		

续表

检测项目		评分标准	分值	学生自评	教师评估
知识掌握（30分）	熟练运用 CSS 实现滤镜效果	对运用 CSS 实现滤镜效果的制作流程非常熟悉，能很快地运用 CSS 实现不同的滤镜效果，并且能做出多种不同的效果	5分		
技能熟练程度及解决问题能力（20分）	功能的掌握与扩展	对房地产网站的制作流程非常熟悉，能单独、迅速地完成这个项目	10分		
	问题的积累与提高	在项目制作的过程中碰到各种问题时，能分析问题产生的原因，并且能独立解决问题和记下该问题，在下次碰到该问题时能轻松解决	10分		

7

项目七 创建"世博游"网站页面

项目说明

旅游网是旅游组织向公众展示旅游信息的平台,有官方旅游网站,也有私企旅游网站。官方的侧重政务,私企的侧重向广大旅游朋友提供旅游相关资讯、产品等信息。世博旅游网在设计时主要需考虑世博展馆、媒体服务、世博历史、世博图片等内容。本网站的站点结构设计如图 7.1 所示。

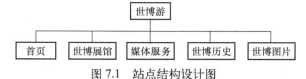

图 7.1 站点结构设计图

准备一 关闭浏览器窗口
准备二 实现 URL 转向
准备三 设置状态栏文本
准备四 创建漂浮广告
准备五 用 JavaScript 制作网页导航栏
任务一 "世博游"网站首页的实现
任务二 "世博展馆"页面的实现
任务三 "媒体服务"页面的实现
任务四 "世博历史"页面的实现

技能目标

1. 学会制作自动关闭网页。
2. 实现 URL 转向。
3. 学会设置状态栏文本。
4. 掌握漂浮广告制作。
5. 会制作网页导航栏。
6. 掌握旅游网的制作。

准 备 一　关闭浏览器窗口

先定义一个关闭窗口函数 closeit ()，利用 steTimeout ("self.close ()"，1000) 代码设置一个定时器，规定 1000ms 以后自动关闭当前窗口，然后再在<body>标签的文本框中输入"onLoad= "closeit ()""，当加载网页时自动调用关闭窗口函数 closeit ()。制作自动关闭网页的具体操作步骤如下所述。

1）打开素材文件 ch7/index.htm，如图 7.2 所示。

图 7.2　"首页"页面

2）打开代码视图，在<head>与</head>之间相应的位置输入代码，如下所示。

```
<script language="javascript">
<!--
function closeit(){
settimeout("self.close()",1000) // 单位是毫秒，这里是一秒
}
</script>
```

3）在代码视图中，在<bady>标签文本框中输入代码"onLoad="closeit ()""。
4）保存文档，按 F12 键在浏览器中预览效果。

准 备 二　实现 URL 转向

跳转网页行为，可以设定在当前窗口或是指定的框架窗口中打开某一个网页。创建自动跳转页面网页操作步骤如下所述。

1）打开素材文件 ch7/index.htm，如图 7.3 所示。

图 7.3　"首页"页面

2）单击窗口左下角的<body>标签，执行"窗口">"行为"命令，打开"行为"面板，在面板中单击 + 按钮，在弹出的菜单中选择 "转到 URL"选项，如图 7.4 所示。

图 7.4　打开"行为"面板

3）打开"转到 URL"对话框，如图 7.5 所示。

4）单击"浏览"按钮，打开"选择文件"对话框，如图 7.6 所示。

在"转到 URL"对话框中有如下参数。

■ 打开在：选择要打开的网页。

■ URL：在文本框中输入网页的路径或者单击"浏览"按钮，在打开的"选择文件"对话框中要选择打开的网页。

5）在对话框中选择要跳转的网页，单击"确定"按钮，添加到文本框中。再单击"确定"按钮，添加"行为"事件，将事件设置为"onLoad"，如图 7.7 所示。

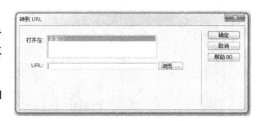

图 7.5　"转到 URL"对话框

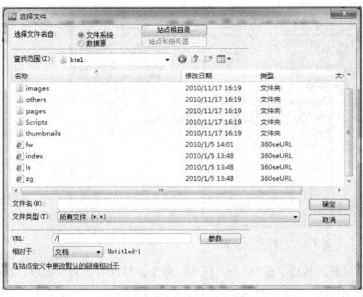

图 7.6 "选择文件"对话框

图 7.7 设置"行为"事件

6）保存文档，按 F12 键在浏览器中预览效果。

准备三 设置状态栏文本

"设置状态栏文本"行为在浏览器窗口底部左侧的状态栏中显示消息。可以使用此动作在状态栏中说明链接的目标而不是显示与之关联的 URL。设置状态栏文本的具体操作步骤如下所述。

1）打开素材文件 ch7/index.htm，如图 7.8 所示。

图 7.8 世博网首页

2）单击窗口左下角的<body>标签，打开"行为"面板，在面板中单击按钮 **+.**，在弹出的菜单中执行"设置文本">"设置状态栏文本"命令，如图7.9所示。

图7.9　添加"行为"事件

3）选择选项后，打开"设置状态栏文本"对话框，如图7.10所示。

4）在对话框中的"消息"文本框中输入"欢迎光临世博会!!"，单击"确定"按钮，添加"行为"事件，将事件设置为"onMouseOver"，如图7.11所示。

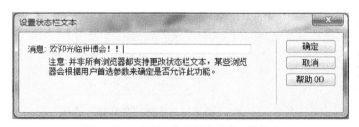

图7.10　"设置状态栏文本"对话框

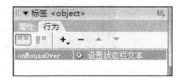

图7.11　事件设置

5）保存文档，按F12键在浏览器中预览效果。

准备四 创建漂浮广告

利用层的特点，再结合时间轴和行为的功能，就可以实现页面中漂浮广告的视觉特效。

1）打开网页文档，单击"布局"插入栏中的"绘制层"按钮，然后在文档窗口中绘制一个层，如图7.12所示。

2）在层中插入图像，如图7.13所示。

3）单击"窗口"选项卡，选择"时间轴"选项，如图7.14所示。选中插入图像的层，右击，在弹出的快捷菜单中选择"记录路径"选项。

4）单击并拖动层，以创建轨迹，Dreamweaver将会在时间轴上添加一个动画条，其中包含适当数量的关键帧。

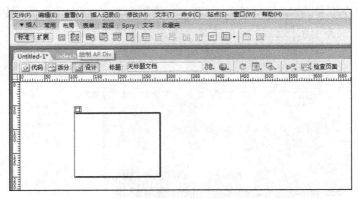

图 7.12 绘制层

图 7.13 插入图像

图 7.14 选择"时间轴"选项

5）在"时间轴"面板中根据需要选中"自动播放"和"循环"复选框。若要使时间轴动画在浏览器中打开时自动播放，则选中"自动播放"复选框。若要使时间轴动画连续不间断插入和播放，则选中"循环"复选框，如图 7.15 所示。

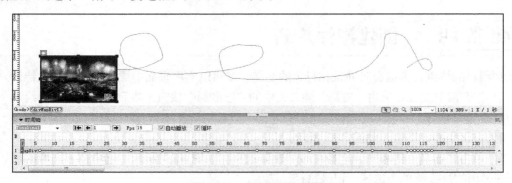

图 7.15 "时间轴"面板

6）按 F12 键在浏览器中进行预览，即可看到漂浮的层（广告）出现在浏览器窗口中。

准备五　用 **JavaScript** 制作网页导航栏

在一个网站中，导航栏用于帮助浏览者从一个页面跳转到需要查看的栏目。合理地使用导航栏，可以使网页层次分明，并且可以替代超级链接使用。很多时候，网站间的不同页面都使用同一个导航栏，简单的导航栏可以直接用文字链接完成，但更多的网站中的导航栏是由一幅图像或一组图像制作而成。即当看到页面时，使用的是一幅或一组图像，当鼠标移动到导航栏上时，使用的是另一幅或另一组图像。这种图像的交替使用，不仅使网站给浏览者留下了良好的印象，而且给人以动感。因此，导航栏被广泛使用。

在 Dreamweaver 中，为网页添加导航栏的方法如下所述。

1）将插入点置于要插入导航栏的位置，执行"插入">"图像对象">"导航条"命令，或者在"常用"面板上单击"导航条"按钮，即可打开"插入导航条"对话框。

2）在"项目名称"文本框中输入导航条的名称，该名称将显示在"导航条元件"文本框中。在"状态图像"栏中，单击"浏览"按钮，查找并选择用作导航条的图像文件。

3）在"鼠标经过图像"栏中，单击"浏览"按钮，查找并选择用于当鼠标经过导航条时显示的图像文件。

4）在"按下图像"栏中，单击"浏览"按钮，查找并选择用于当鼠标按下按钮时显示的图像文件。该项为可选项，是否需要设置可自行决定。

5）在"按下时鼠标经过图像"栏中，单击"浏览"按钮，查找并选择用于当按下鼠标经过按钮时显示的图像文件。该项为可选项，是否需要设置可自行决定。

6）在"按下时鼠标经过图像"栏中，单击"浏览"按钮，查找并选择该按钮要链接的目标文件。

7）选择"预先载入图像"选项，表示在页面打开的时候，将图像预先下载，以免造成在鼠标指针经过初始图像时出现延迟的现象。

8）在"替换文本"的文本框中，可以输入当鼠标指针经过按钮时，按钮给出的文字提示信息。

9）在"插入"列表中，可以选择导航栏与原来的元素是否在同一水平线上或同一竖直线上。设置完毕后，单击"确定"按钮，即可插入一个导航条。

制作导航栏时，应先使用图像编辑软件为每一个按钮制作至少两幅用作导航栏的图像文件。一幅用于状态图像，一幅用于鼠标经过图像。如果还需要按下图像和按下时鼠标经过图像，则应另外制作。

任务一　"世博游"网站首页的实现

任务目标　通过本次任务，将前面所学的设置状态栏文本应用到真实的例子中，通过行为面板设置状态栏文本，进一步练习综合网页页面的制作。将前面掌握的知识灵活应用，从而熟练制作网页。

任务分析　首先要运用前面学过的知识点插入表格，然后插入图片、文字、动画等内容，完成首页页面的制作；然后设置状态栏文本，在设置状态栏时设置自己所需的文本。

任务步骤

首页是一个网站的门面和入口，世博的首页要实现包括网站所有的栏目，如世博展馆、媒体服务、世博历史、世博图片等，并且要具体到所有的页面的入口，首页的最终效果如图 7.17 所示。

01 主页制作。

1）建立好一个站点。

2）插入表格，然后插入图片、文字、动画等，完成首页页面的制作，其效果如图 7.16 所示。

图 7.16　世博网首页

02 设置状态栏文本。

1）单击窗口左下角的\<body\>标签，打开"行为"面板，在面板中单击按钮 **+.**，在弹出的菜单中执行"设置文本" > "设置状态栏文本"命令，如图 7.17 所示。

图 7.17 打开"行为"面板

2）打开"设置状态栏文本"对话框，如图 7.18 所示。

3）在"消息"文本框中输入"欢迎光临世博会!!"，单击"确定"按钮，添加"行为"事件，将事件设置为"onMouseOver"，如图 7.19 所示。

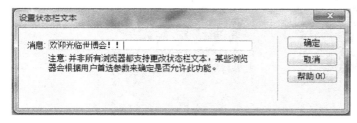

图 7.18 设置状态栏文本

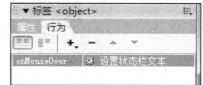

图 7.19 事件设置

4）保存文档，按 F12 键在浏览器中预览效果。

任务检测与评估

任务完成后，请填写表 7.1，对自己的学习情况进行评估。

表 7.1 任务检测与评估表

检测项目		评分标准	分值	学生自评	教师评估
任务知识内容	Dreamweaver 站点的建立	熟练、一次性完成，得 15 分；一般熟练，反复操作后完成得 10 分；询问，在别人指导下完成，得 8 分；未能完成，得 0 分	15		
	世博首页页面的设计		15		
	设置状态栏文本		15		
任务操作技能	站点的建立	按站点建立的要求，完成站点建立，得 15 分，错误一项扣 2 分	15		
	世博游首页页面的设计	每出现一处错误扣 3 分	20		
	设置状态栏文本	文字设置和事件设置为 onMouseOver 都正确得满分，错误一项扣 2 分	20		

任务二 "世博展馆"页面的实现

▌任务目标 通过本次任务,完成世博展馆页面,利用层的特点,再结合时间轴和行为的功能,可以实现页面中漂浮广告的视觉特效。

▌任务分析 本次任务最重要的部分在于漂浮广告的视觉特效(可以增加页面的动感)的设置。

▢ 任务步骤

01 在站点目录下找到图片和 Flash 动画,并编辑好界面,制作世博展馆的页面,如图 7.20 所示。

图 7.20 世博展馆页面

02 实现页面中漂浮小海宝的视觉特效。

1)在世博展馆页面中,单击"布局"插入栏中的"绘制层"按钮,然后在文档窗口中绘制一个层,如图 7.21 所示。

2)在层中插入图像 images/lh_08.gif,如图 7.21 所示小海宝。

3)单击"窗口"选项卡,选择"时间轴"选项,如图 7.22 所示。选中插入图像的层,右击,在弹出的快捷菜单中选择"记录路径"选项,如图 7.23 所示。

4)单击并拖动层,以创建轨迹,Dreamweaver 将会在时间轴上添加一个动画条,其中包含适当数量的关键帧。

图 7.21 绘制层

图 7.22 选择"时间轴"选项

图 7.23 选择"记录路径"

5）在"时间轴"面板中根据需要选中"自动播放"和"循环"复选框。若要使时间轴动画在浏览器中打开时自动播放，则选中"自动播放"复选框。若要使时间轴动画连续不间断插入，则选中"循环"复选框，如图 7.24 所示。

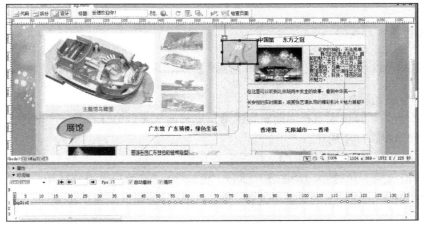

图 7.24 "时间轴"面板

6）按 F12 键在浏览器中进行预览，即可看到漂浮的层出现在浏览器窗口中。

任务检测与评估

任务完成后，请填写表 7.2，对自己的学习情况进行评估。

表 7.2　任务检测与评估表

检测项目		评分标准	分值	学生自评	教师评估
页面部分	页面完整、美观	与图相符得 10 分，一般得 8 分，页面效果差得 5 分，未设计得 0 分	20		
	超链接设置正确	满分 5 分	5		
	层和时间轴的设计设计合理，并且实现小海宝漂浮	层和时间轴的设计设计正确得 10 分，独立实现小海宝漂浮得 10 分，没有独立完成、不完成分别得 5、0 分	20		
技能熟悉程度	页面完整、美观，制作过程中无错语	未出现错误得 20 分，出现一个错误并能正确解决不扣分，不能解决扣 5 分	20		
	层和时间轴的设计合理，并且实现小海宝漂浮	层和时间轴设计正确实现小海宝漂浮满分，否则不得分	15		
	完成时间	一个小时内完成得满分，每超出 10 分钟扣 3 分	10		

任务三　"媒体服务"页面的实现

任务目标　通过本次任务，完成媒体服务页面制作，掌握创建自动跳转页面的操作。

任务分析　媒体服务页面的最终目的是为用户显示要查看的相关资料。本任务要求创建自动跳转页面，实现自动跳转功能。

任务步骤

01 在站点目录下找到图片和 Flash 动画，并编辑好如图 7.25 所示的媒体服务网页界面。

02 创建自动跳转页面网页。

跳转网页行为，可以设定在当前窗口或是指定的框架窗口中打开某一个网页。创建自动跳转页面网页操作步骤如下所述。

1）打开刚才所做媒体服务页面，如图 7.25 所示。

2）单击窗口左下角的 <body> 标签，执行"窗口">"行为"命令，打开"行为"菜单，在菜单中单击按钮 **+**，在弹出的菜单中选择"转到 URL"选项，如图 7.26 所示。

图 7.25　媒体服务页面

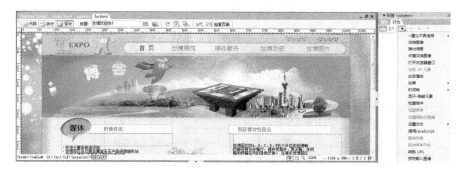

图 7.26　添加"行为"

3）打开"转到 URL"对话框，如图 7.27 所示。

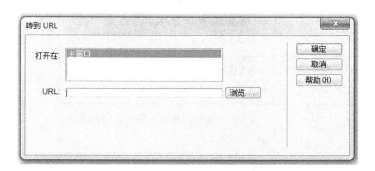

图 7.27　"转到 URL"对话框

4）在对话框中单击"浏览"按钮，打开"选择文件"对话框，如图 7.28 所示。

图 7.28 "选择文件"对话框

5）在对话框中选择要跳转的网页，单击"确定"按钮，添加到文本框中。再单击"确定"按钮，添加"行为"事件，将事件设置为"onLoad"。

6）保存文档，按 F12 键在浏览器中预览效果。

任务检测与评估

任务完成后，请填写表 7.3，对自己的学习情况进行评估。

表 7.3 任务检测与评估表

检测项目		评分标准	分值	学生自评	教师评估
页面部分	页面完整、美观	与图相符得 10 分，一般得 8 分，页面效果差得 5 分，未设计得 0 分	20		
	超链接设置正确	满分 5 分	5		
	实现跳转网页行为	层和时间轴的设计设计正确得 10 分，独立实现小海宝漂浮得 10 分，没有独立完成、不完成分别得 5 分、0 分	20		
技能熟悉程度	页面完整、美观，制作过程中无错语	未出现错误得 20 分，出现一个错误并能正确解决不扣分，不能解决扣 5 分	20		
	跳转网页行为的设计合理	层和时间轴的设计设计正确实现小海宝漂浮满分，否则不得分	15		
	完成时间	40 分钟内完成得满分，每超出 5 分钟扣 3 分	10		

任务四 "世博历史"页面的实现

■ **任务目标** 通过本次任务，完成世博历史页面，实现自动关闭网页功能。

■ **任务分析** 本次任务最重要的部分在于自动关闭网页功能的实现。

任务步骤

01 在站点目录下找到图片和 Flash 动画，并编辑好界面，制作世博历史页面，如图 7.29 所示。

图 7.29 世博历史界面

02 实现自动关闭网页。

1）打开做好的世博历史页面，如图 7.29 所示。

2）打开代码视图，在<head>与</head>之间相应的位置输入如下代码。

```
<script language="javascript">
<!--
function closeit(){
settimeout("self.close()",1000) // 单位是毫秒，这里是 1 秒
}
</script>
```

3）在代码视图中，在<bady>语句中输入代码"onLoad="closeit（）""。

4）保存文档，按 F12 键在浏览器中预览效果。

任务检测与评估

任务完成后，请填写表 7.4，对自己的学习情况进行评估。

表7.4　任务检测与评估表

检测项目		评分标准	分值	学生自评	教师评估
页面部分	页面完整、美观	与图相符得10分，一般得8分，页面效果差得5分，未设计得0分	20		
	超链接设置正确	满分5分	5		
	代码正确，能实现自动关闭网页	代码正确，能实现自动关闭，独立实现得20分，没有独立完成、不完成分别得15~0分	20		
技能熟悉程度	页面完整、美观，制作过程中无错语	未出现错误得20分，出现一个错误并能正确解决不扣分，不能解决扣5分	20		
	调试过程中出现错语	未出现错误得15分，出现一个错误并能正确解决不扣分，不能解决扣5分	15		
	完成时间	40分钟内完成得10分，每超出5分钟扣3分	10		

项目评价

通过完成本项目各任务，完成世博游网站的制作。完成该网站后，请认真填写表7.5检查自己的学习情况。

表7.5　项目检测与评价表

检测项目		评分标准	分值	学生自评	教师评估
项目功能（50分）	设置状态栏文本	完成任务一页面的制作，完成状态栏文本设置，并且合理设置行为的触发条件	15分		
	实现页面中漂浮广告	完成任务二页面的制作，实现在页面中漂浮广告功能，并且能自动播放和循环播放	15分		
	创建自动跳转页面	完成任务三页面的制作，创建自动跳转页面，并且合理设置行为的触发条件	10分		
	自动关闭网页功能	完成任务四页面的制作，实现自动关闭网页功能	10分		
知识掌握（30分）	页面的制作	页面的制作合理、美观	10分		
	超链接设置正确	熟练掌握超链接设置	4分		
	实现页面中漂浮广告、设置状态栏文本	熟练掌握状态栏文本的设置和页面中漂浮广告的制作，并能设置广告漂浮的路线，掌握行为的触发条件	8分		
	创建自动跳转页面、自动关闭网页功能	熟练掌握自动跳转页面和自动关闭页面的功能	8分		
技能熟练程度及解决问题能力(20分)	旅游网制作的掌握与扩展	对旅游网的制作流程非常熟悉，掌握行为的作用，能很快地做出一个旅游网，并且能熟练运用行为	5分		
	问题的积累与提高	在项目制作的过程中碰到问题时，能分析问题产生的原因，并且能独立解决问题和记录该问题	15分		

8

项目八 | 创建网络留言簿

项目说明

简易网站留言簿实现用户留言的一般操作，包括显示留言、发表留言、删除留言、修改留言。本项目暂不考虑用户管理及权限控制，后台数据库选用 Access 2000/2003 系统。留言簿的功能模块如图 8.1 所示。

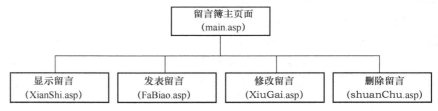

图 8.1 留言簿功能模块图

准备一 配置 Web 服务器

准备二 建立动态站点

准备三 建立 Access 数据库

准备四 表单

任务一 站点配置与数据库设计的应用

任务二 制作签写留言页面

任务三 制作查看留言页面

任务四 制作留言回复页面

任务五 制作留言删除页面

技能目标

1. 初步掌握 Web 服务器配置。

2. 初步掌握配合网站应用的 Access 数据库建立方法。

3. 掌握使用 Dreamweaver 链接数据库。

4. 掌握使用 Dreamweaver 实现数据库记录的添加、删除和修改的方法。

准备一 配置 Web 服务器

1. Web 服务器的概述

能提供网站访问的服务器叫 Web 服务器。

Web 服务器在 Windows 系统中最常见的代表是 IIS，它支持 HTML 静态网页和 ASP 动态网页。另一种 Web 服务器是 APACHE，它一般用于 Linux、UNIX 系统，但也可以用于 Windows 系统，且常用于 HTML 和 PHP 网页。

系统中只能同时装一种 Web 服务器，因此不可同时安装 IIS 和 APACHE。

2. IIS 概述

IIS（Internet Information Server，互联网信息服务）是一种 Web（网页）服务组件，提供了可用于 Internet 或局域网上构建 Web 服务器的能力。

IIS 包括 Web 服务器、FTP 服务器、NNTP 服务器和 SMTP 服务器，分别用于网页浏览、文件传输、新闻服务和邮件发送等。但人们主要使用的是 Web 服务功能，FTP、邮件等功能一般不用 IIS，因为还有更好的专用软件。

IIS 专用于 Windows 系统，Windows 2000 专用版、Windows XP 中能安装 IIS 的基本版，只能建一个网站，并发访问的用户不能超过 10 个。

Windows 2000 服务器版、Windows 2003 中能安装 IIS 的高级版，能同时建多个网站，并发访问用户数目无限制。这里将要学习的是在 Windows XP 系统中安装 IIS。

3. 安装 IIS

1）执行"控制面板" > "添加/删除程序" > "安装 Windows 服务"命令，具体界面如图 8.2 所示。

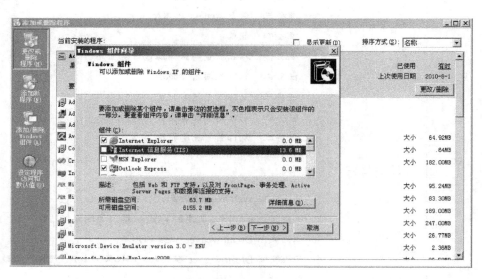

图 8.2 IIS 安装向导

2）选择"Internet 信息服务（IIS）"选项，然后单击"下一步"按钮。

3）待系统出现如图 8.3 所示的提示后，插入 XP 安装盘（也可从 Internet 下载一个 IIS 安装包），单击"浏览"按钮，定位到安装盘中系统所需的文件，如图 8.4 所示，然后单击"下一步"按钮。

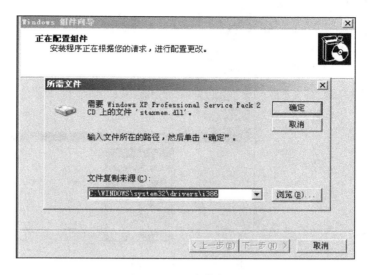

图 8.3　IIS 安装向导

图 8.4　IIS 安装向导

4. 安装完成，测试 IIS

1）在"c:\inetpub\wwwroot"（此目录是 IIS 默认的虚拟目录）目录中新建一个 TXT 文件，并且在新建的文件中输入"<%Response.write（"这是我的第一个 ASP 程序"）%>"，接着将 TXT 的文件名和扩展名改为 Test.asp。

2）打开 IIS，执行"控制面板"＞"管理工具"＞"Internet 信息服务"命令。

3）展开左边的目录树，选中"默认网站"节点，在右边的文件区域选中"Test.asp"文件，右击并选择"浏览"选项，其操作如图 8.5 所示。

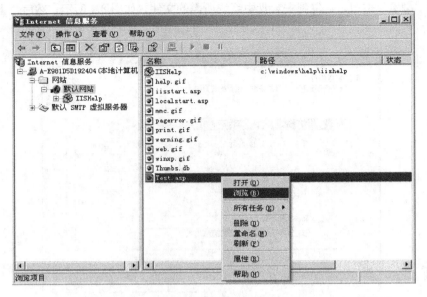

图 8.5　IIS 网站的配置

4）若浏览窗口中出现"这是我的第一个 ASP 程序"文字，则说明 IIS 安装成功。

准备二　建立动态站点

Dreamweaver CS4 具有强大的站点管理和文件管理功能，前面的内容已讲述过静态站点的配置，本节讲解如何配置动态站点。

1）在本地计算机创建站点目录（如果已经有站点目录可略过此步）。

2）打开 IIS，创建虚拟目录，具体步骤如图 8.6 所示。

如本例的虚拟目录别名为 test，那么得到的 URL 地址则为 http://localhost/test

1．创建虚拟目录　　　　　　　　　　2．输入虚拟目录别名

图 8.6　虚拟目录的创建

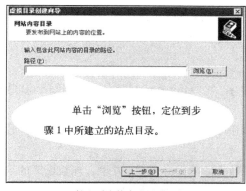

3．输入对应的本地目录　　　　　　　　　　　　4．完成

图 8.6　虚拟目录的创建（续）

3）运行 Dreamweaver CS4，执行"站点" > "新建站点"命令。具体步骤及说明如图 8.7 所示。

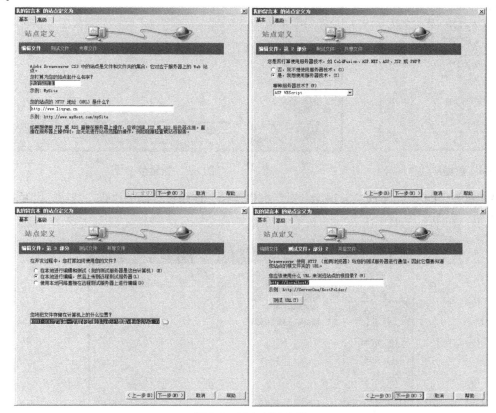

图 8.7　站点创建向导

<h1>准备三　建立 Access 数据库</h1>

建库之前要对网站功能进行规划，分析出需要用到哪些数据。本节以新闻发布站点为例来

进行数据库设计。新闻站点主要用到的表是新闻表，其中新闻表中主要需要的字段（即数据列）有新闻编号、新闻标题、新闻内容、新闻图片、添加日期和作者。

1. 使用 Access 建立数据库

1）运行 Access 2003，执行"开始"菜单>"程序">"Microsoft Office">"Microsoft Office Access 2003"命令。

2）执行"文件"菜单>"新建"命令，在弹出的任务窗格中选择"空数据库"选项，如图 8.8 所示。

3）在弹出的"文件新建数据库"对话框中设置数据库的保存位置，并输入新数据库的名称，本例保存名为"XinWen.mdb"（".mdb"为 Access 2003 数据库的扩展名），如图 8.9 所示。

图 8.8　数据库创建向导

图 8.9　新建数据库

4）在弹出的"XinWen：数据库"对话框中选择"使用设计器创建表"选项，并单击"设计"按钮，如图 8.10 所示。

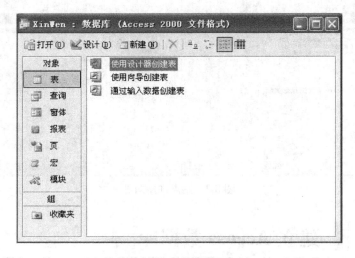

图 8.10　创建数据表

5）在弹出的"表1：表"设计窗体中输入商品数据表的字段名称、数据类型、字段大小、说明等数据，如图8.11所示。若要设新闻编号（n_id）为主键，可右击该字段，在弹出的快捷菜单中选择"主键"命令即可。

6）关闭设计窗体，填写数据表名，保存数据表，如图8.12所示。

图 8.11　数据表创建向导

图 8.12　保存数据表

2. 数据库的链接

如果要将网页中输入的数据保存到数据库，或者从网页中查询数据库的信息，必须先将网页与数据库链接（Connection）起来，然后建立一个符合需求条件的记录集（Recordset），接着再使用数据库来显示或处理数据。

3. 链接 Access 数据库

下面以前面新建的数据库 XinWen.mdb 为例，说明链接 Access 数据库的方法。

1）在 Dreamweaver 中建立好动态站点。

2）执行"窗口"＞"数据库"命令。

3）在数据库面板中单击"+"按钮，在弹出的菜单中选择"自定义连接字符串"选项，在弹出的窗口中输入连接名称，然后单击"定义"按钮，如图8.13所示。

图 8.13　定义数据源名称

4）在弹出的窗口中单击"系统 DSN"选项卡，并单击"添加"按钮，在"创建新数据源"窗口中，选中"Microsoft Access Driver（*.mdb）"选项，然后单击"完成"按钮，如图8.14所示。

5）在"ODBC Microsoft Access 安装"窗口中输入数据源名称，然后单击数据库"选择"按钮，在"选择数据库"窗口中定位到数据库所在路径，并选中数据库，然后单击"确定"按钮，如图8.15所示。

图 8.14　创建数据源

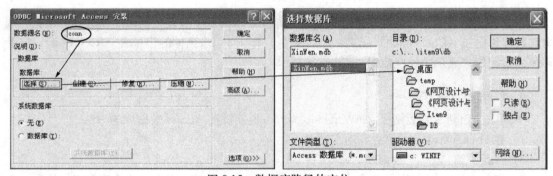

图 8.15　数据库路径的定位

6）在数据源名称窗口中数据源名称所在的下拉菜单中，选择新建数据源，如图 8.16 所示，然后单击"测试"按钮，如果出现"成功创建连接脚本"提示语，则说明创建成功。

图 8.16　选中新建数据源名称

准备四　表　　单

在互联网上，网站的管理者常常需要与用户实现交互，这就需要用到表单。表单内有多种可以与用户进行交互的表单元素，如文本框、单选框、复选框、提交按钮等元素。在服务器端，信息处理由 CGI（Common Gete Way Interface）、JSP（Javaserver Page）或 ASP（Active Server Page）

等应用程序处理。

常见的表单应用有搜索表单、用户登录或注册表单、调查表单、留言本表单等。下面是几个表单应用的例子，邮箱用户注册表单如图 8.17 所示，用户留言表单如图 8.18 所示。

图 8.17　注册表单效果图　　　　　　　　　　　　图 8.18　留言表单

1.　表单元素

使用 Dreamweaver CS4 可以创建各种表单元素，如文本框、滚动文本框、单选框、复选框、按钮、下拉列表等。在"插入"工具栏的"表单"类别中列出了所有表单元素，如图 8.19 所示。

2.　插入表单

1) 将光标置于编辑区中要插入表单的位置；然后在"插入"工具栏的"表单"类别中，单击"表单"按钮；此时一个红色的虚线框出现在页面中，表示一个空表单，如图 8.20 所示。

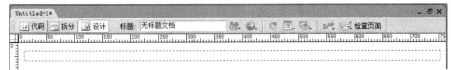

图 8.19　表单工具箱　　　　　　　　　　　　　　图 8.20　插入表单

2) 单击红色虚线，选中表单；在"属性"检查器的"表单名称"文本框中输入表单名称，以便脚本语言 JavaScript 通过名称对表单进行控制；在"方法"下拉列表中，选择处理表单数据的传输方法，其中，"POST"方法是在信息正文中发送表单数据，"GET"方法是将值附加到请求该页面的 URL 中；在"目标"下拉列表中，选择服务器返回反馈数据的显示方式，这里选择"_blank"选项，即在新窗口中打开；"MIME 类型"下拉列表指定提交服务器处理数据所使用 MIME 编码类型。默认设置 "application/x-www-form-urlencode"与 POST 方法一起使用，如图 8.21 所示。

图 8.21　表单属性

图 8.22　密码表单

3．插入文本字段

文本字段是表单中常用的元素之一，主要包括单行文本字段、密码文本字段、多行文本区域三种。

1）单行文本字段与密码文本字段。

网页中最常见的单行文本字段与密码文本字段是用户登录框，如图 8.22 所示。用户名一项应用的是单行文本字段，密码一项应用的是密码文本字段。

2）多行文本区域。

多行文本区域能供用户输入一大段文字，常应用于留言本、文章发表等系统。

插入文本域的具体操作方法：执行"插入"菜单>"表单">"文本域"命令，若要设为密码类型文本域或多行文本，则需要选中新插入的文本域，即将文本类型改为"密码"或"多行文本"，如图 8.23 所示。

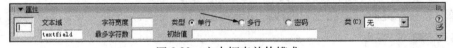

图 8.23　文本框表单的模式

4．插入复选框

复选框存在于一组选项中，复选框是一种允许用户选择对勾的小方框，其允许用户选中多个选项。用户选中某一项，与其对应的小方框就会出现一个对勾。再单击小方框，小对勾将消失，表示此项已被取消。使用复选框的表单效果如图 8.24 所示。具体操作步骤：执行"插入"菜单>"表单">"复选框"命令。

☑ Sohu ☑ Sina ☐ 163

图 8.24　复选框

5．插入单选按钮

单选按钮是在一组选项中，只允许选择一个选择项，如性别、文化程度等选项。使用单选按钮的表单如图 8.25 所示。其插入方法与插入复选框的方法相同。

6．插入列表/表单

列表和菜单也是表单中常用的元素之一，其可显示多个选项，用户通过滚动条在多个选项中进行选择。下面是一个简单的菜单的例子，如图 8.26 所示。

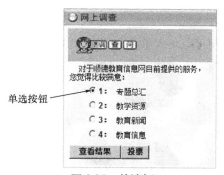

单选按钮

图 8.25　单选框

图 8.26　下拉菜单

操作方法：执行"插入"菜单>"表单">"列表/菜单"命令，然后选择"列表/菜单"选项，并且在"列表/菜单"文本框中添加列表值，如图 8.27 所示。

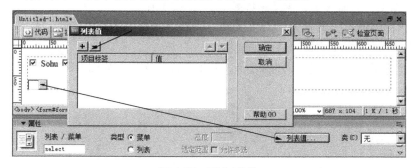

图 8.27　列表/菜单

7．插入跳转菜单

跳转菜单实际上是一种下拉菜单，在菜单中显示当前站点的导航名称，选择某个选项，即可跳转到相应的网页上，从而实现导航的目的，如图 8.28 所示。

具体的操作方法是：执行"插入"菜单>"表单">"跳转菜单"命令，然后选择"跳转菜单"选项，并且在"插入跳转菜单"对话框添加列表值，如图 8.29 所示。

图 8.28　友情链接

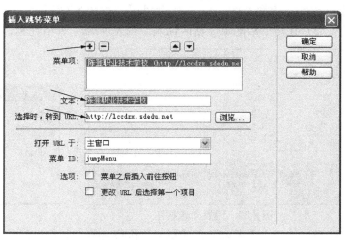

图 8.29　插入跳转菜单

8. 插入按钮

在表单中，按钮被用来控制表单的操作。使用按钮可以将表单数据传送给服务器，或者重新设置表单中的内容。在 Dreamweaver CS4 中，表单按钮可分为三类，即提交按钮、重置按钮和普通按钮等。

提交按钮：把表单中的所有内容发送到服务器端的指定应用程序。

重置按钮：用户在填写表单的过程中，若希望重新填写，则单击该按钮使全部表单元素的值还原为初始值。

普通按钮：该按钮没有内在行为，但可以用 JavaScript 等脚本语言为其指定动作。

9. 用户注册表单实例

在许多网站上都可以看到"用户注册"页面，要求用户填写。下面综合运用表单的各种元素，来学习制作用户注册表单，表单最终效果如图 8.30 所示。

具体的操作步骤如下所述。

1）在页面中插入一个表单（红色虚线框）。

2）在表单内插入一个 7 行 2 列的表格，并输入说明文字，如图 8.31 所示。

图 8.30　注册表单　　　　　　　　　　　　　　　图 8.31　表格

3）在用户名/密码/个人简介后的单元格中插入文本域，并分别设置其文本模式为单行文本模式/密码模式/多行文本模式。

4）在性别后面的单元格中插入两个单选按钮，并分别在按钮后面输入"男"、"女"，然后将单选框的名称都统一命名为"radio"，如图 8.32 所示。

5）往年龄后的单元格内插入"列表/菜单"表格元素，并为其添加值，如图 8.33 所示。

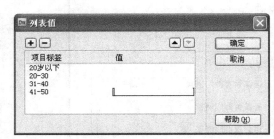

图 8.32　设置单选按钮　　　　　　　　　　　　　图 8.33　列表值

6）往"个人爱好"后的单元格内添加五个复选框，并且为其分别加上说明标注。

7）将最后一行的两个单元格合并，并在里面插入一个"提交"按钮与一个"重置"按钮。

任务一　站点配置与数据库设计的应用

任务目标　通过本次任务，将前面所学站点配置与数据库设计应用到真实的例子中。通过本任务掌握 IIS 的配置，Dreamweaver 站点配置以及数据库的部分设计技巧。

任务分析　数据库的设计在整个项目中是最关键的步骤，直接决定着后面的页面能否完成，因此在设计数据库之前，设计者必须先理清整个项目的需求。

任务步骤

01 配置站点。

1）在计算机中建立一个站点目录（本例为 F：/LiuYan），并请在站点目录下分别创建两个子目录 DB、Images，分别用来存放数据库和图片。接着在 IIS 中新建一个虚拟目录指向该站点目录（本例新建的虚拟目录为 http://localhost/liuyan），效果如图 8.34 所示。

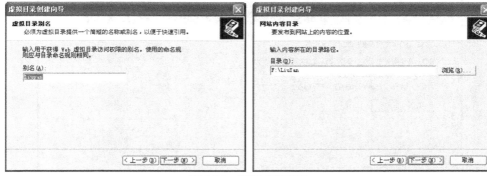

图 8.34　创建虚拟目录

2）在 Dreamweaver CS4 中选择"站点"菜单中的"新建站点"选项，然后按照图 8.35 和图 8.36 进行操作并完成新建留言站点。

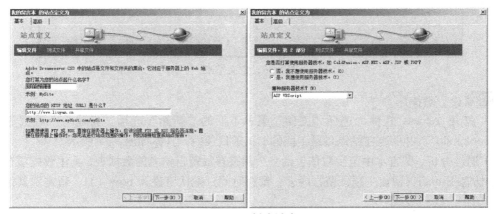

图 8.35　创建站点

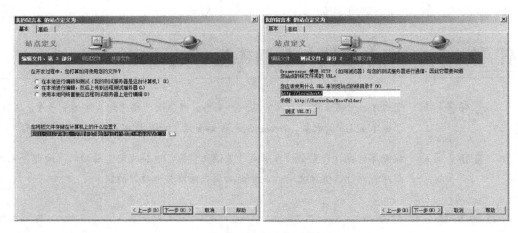

图 8.35　创建站点（续）

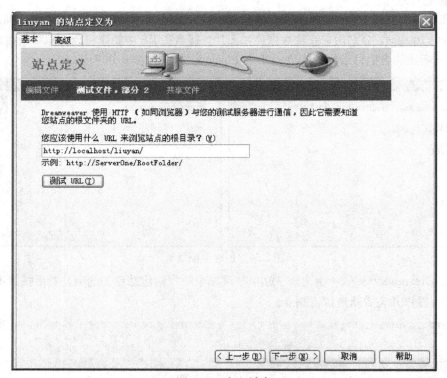

图 8.36　定义站点

02 建立数据库。

1）打开 Access 软件，选择"文件"菜单下面的"新建"选项，新建一个数据库文件"guestbook.mdb"，并保存在站点目录下面的 DB 子目录内，具体如图 8.37 所示。

2）通过分析，留言本中至少应该包括一个用来存放留言信息的数据表，具体数据项有访客姓名、访客 E-mail、留言主题、留言内容、留言时间（默认值设为 now（））、留言回复信息等内容。

通过 Access 的表设计器创建留言表，具体的表结构及操作步骤如图 8.38 和图 8.39 所示。

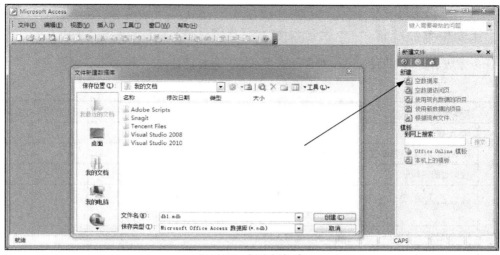

图 8.37　创建数据库

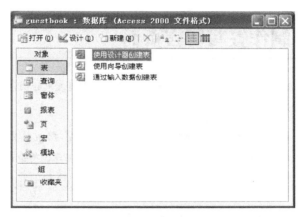

图 8.38　数据表设计

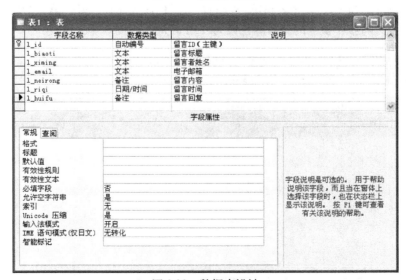

图 8.39　数据表设计

任务检测与评估

任务完成后，请填写表 8.1，对自己的学习情况进行评估。

表 8.1　任务检测与评估表

	检测项目	评分标准	分值	学生自评	教师评估
任务知识内容	IIS 配置	熟练、一次性完成，得 15 分；一般熟练，反复操作后完成得 10 分；询问，在别人指导下完成，得 8 分；未能完成，得 0 分	15		
	Dreamweaver 站点配置		15		
	数据表的设计		15		
任务操作技能	站点的建立	按站点建立的要求，完成站点建立，得 15 分，错误一项扣 2 分	15		
	IIS 的配置	每出现一处错误扣 3 分	20		
	数据表的设计	字段名、字段类型都正确得满分，错语一项扣 2 分	20		

任务二　制作签写留言页面

■ **任务目标**　通过本次任务，完成签写留言的页面，掌握表单的制作、数据库的链接和数据记录的插入。

■ **任务分析**　本次任务最重要的部分在于建立数据库的链接，直接关系到后面几个页面能否正常使用数据库。本任务中第一次使用到数据库，将会最容易出现错误。

任务步骤

01　在站点内新建一个 LiuYan.asp 的文件，并在页面中插入一个 2 行 1 列的表格（表格宽为 100%，边框宽为 0），并将表格第一行的背景颜色设为 #326791，第二行表格背景颜色设为#FBF5F5，并且将整个页面的背景颜色设为#FBF5F5。

02　在表格第一行加上四个超链接，分别是签写留言（LiuYan.asp）、查看留言（ChaKan.asp）、回复留言（HuiFu.asp）、删除留言（Shuangchu.asp），完成后效果如图 8.40 所示。

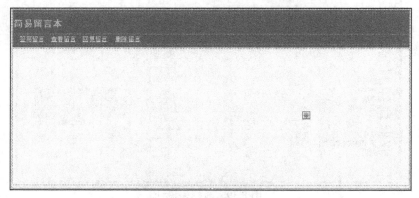

图 8.40　界面图

03 在最下面的单元格内插入一个表单，并往表单内插入一个 6 行 2 列的表格。

04 往表格内添加四个文本框表单元素（"插入">"表单">"文本框"），如图 8.41 所示。

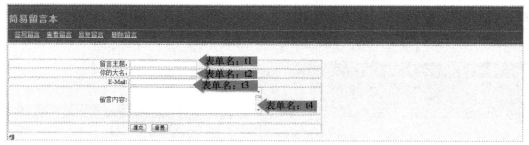

图 8.41　插入文本框

05 在站点内新建一个 HTML 目录，在该目录中新建一个名为"success1.html"文件，在该页面中输入"留言成功，点此返回"，并创建一个超链接到 LiuYan.asp 页面，具体如图 8.42 所示。

图 8.42　留言成功页面

06 为数据库创建 ODBC 链接。

执行"窗口">"数据库"命令，选择"数据库"选项卡，如图 8.43 所示。

单击"数据库"窗口左上角的"+"按钮，并单击"数据源名称（DSN）"。在"数据源称名称（DSN）"对话框中输入连接名称（名称可自拟），并单击"定义"按钮，如图 8.44 所示。

图 8.43　创建 ODBC 链接

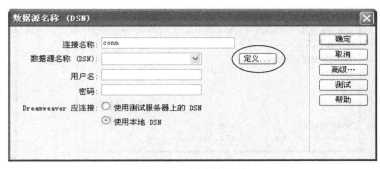

图 8.44　创建数据源

在弹出的"ODBC 数据源管理器"对话框中选择"系统 DSN"选项卡，并单击"添加"按钮，如图 8.45 所示。

在弹出的"创建新数据源"对话框中选择"Driver do Microsoft Access（*.mdb）"选项并单击"完成"按钮。接着在"ODBC Microsoft Access 安装"窗口中输入数据源名称，然后单击"选择"按钮，并定位到留言数据库所在的位置，如图 8.46 和图 8.47 所示。

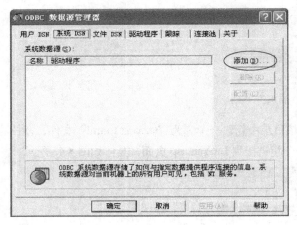

图 8.45 系统 DSN

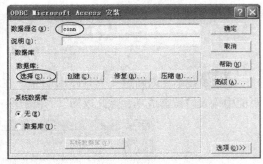

图 8.46 创建数据源

接着连续单击图 8.45、图 8.46、图 8.47 三个对话框中的"确定"按钮，最后单击图 8.43 对话框中的"测试"按钮，如果出现"成功创建脚本"提示语则说明创建 ODBC 链接成功，然后单击"确定"按钮。否则检查前面的步骤是否设置正确。

07 接下来往数据库里面写入记录。首先打开"服务器行为"窗口（"窗口">"服务器行为"），然后单击窗口左上角的"+"按钮，在弹出的菜单中选择"插入记录"选项，如图 8.48 所示。

在"插入记录"对话框中填入步骤 1 所建立的连接名称，接着在"插入到表格"的下拉列表中选择"liuyan"选项，然后在"插入后，转到"的文本框中输入"HTML/success1.html"，最后将表单元素中的"t1"、"t2"、"t3"、"t4"所对应的字段设为"l_biaoti"、"l_xinming"、"l_email"、"l_neirong"，如图 8.49 所示。

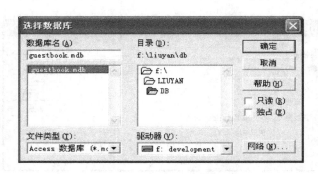

图 8.47 选择数据库

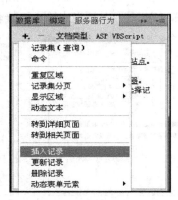

图 8.48 创建记录集

图 8.49　插入记录

08 最后进行测试，在表单中添加一条留言，看数据库中是否会添加一条记录，如图 8.50 所示。

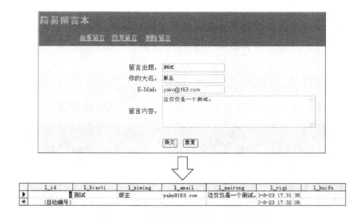

图 8.50　表单与数据表对应关系

任务检测与评估

任务完成后，请填写表 8.2，对自己的学习情况进行评估。

表 8.2　任务检测与评估表

	检测项目	评分标准	分值	学生自评	教师评估
页面部分	页面样式美观	与图相符得 10 分，一般得 8 分，页面效果差得 5 分，未设计得 0 分	10		
	超链接设置正确	满分 5 分	5		
	表单设计合理，并且有为表单命名	表单设计正确得 5 分，有为表单元素命名得 5 分	10		
程序部分	正确的数据库连接	能正确链接到数据库满得 15 分，否则得 0 分	15		
	留言能正确插入到数据库	满分 20 分，每出一项错语扣 5 分	20		
	有留言成功页面	有留言成功页面并有返回链接满得 10 分，有页面无返回链接得 5 分，无提示页面得 0 分	10		

续表

	检测项目	评分标准	分值	学生自评	教师评估
技能熟悉程度	调试过程中出现错语	未出现错误得 20 分，出现一个错误并能正确解决不扣分，不能解决扣 5 分	20		
	完成时间	一个小时内完成得 10 分，每超出 10 分钟扣 3 分	10		

任务三 制作查看留言页面

任务目标 通过本次任务，完成查看留言页面功能，掌握页面数据绑定、数据集的建立、重复区域的创建和数据集的分页技术。

任务分析 留言的最终目的是要显示给用户进行查看，本任务要求将所有的留言显示在页面上，并且当留言的条数超过 10 条时要实现翻页的效果。

任务步骤

01 新建文件 ChaKan.asp，并制作好如图 8.51 所示的网页界面。

图 8.51 留言页面

02 执行"窗口">"绑定"命令，打开"绑定"窗口，单击右上角的"+"按钮，并在弹出的菜单中选择"记录集（查询）"选项，新建一个记录集。

03 在弹出的"记录集"对话框中设置好各项参数，具体参数如图 8.52 所示。

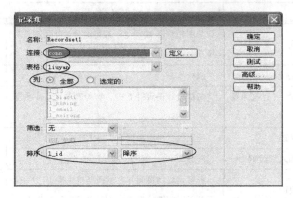

图 8.52 "记录集"对话框

04 将绑定窗体中的各个数据项移至页面上相对应的位置上，如图 8.53 所示。

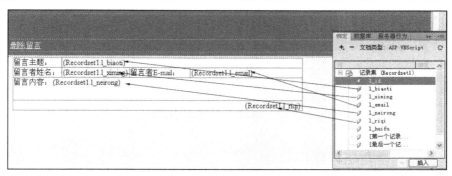

图 8.53　记录集绑定

05 到目前为止，仅仅只完成了在页面显示一条留言的功能。接下来的步骤要实现在页面上显示所有留言。首先选中显示留言的表格，然后转到"服务器行为"窗口，接着单击"+"按钮，在弹出的下拉列表中选择"重复区域"命令。在弹出的对话框中设置为每页显示 10 条留言记录，如图 8.54 所示。

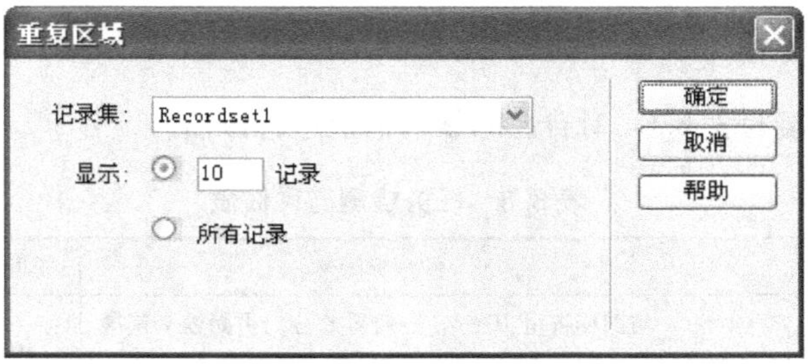

图 8.54　重复区域

06 步骤 05 实现了在页面中显示出 10 条留言的功能，但本页面的功能是要查看所有的留言，所以接下来要实现分页的功能。在显示留言的表格下面插入一个 1 行 1 列的表格，将光标置于刚插入的表格单元格内，并在服务器行为的功能菜单中分四次分别执行"显示区域" > "移至第一条记录"、"显示区域" > "移至前一条记录"、"显示区域" > "移至下一条记录"、"显示区域" > "移至最后一条记录"命令。实现的效果如图 8.55 所示。

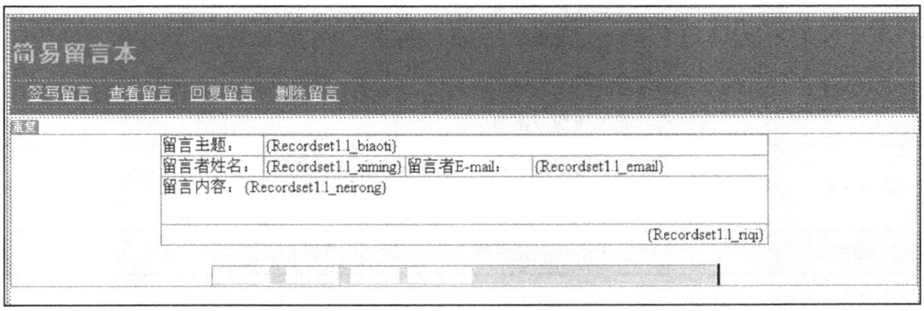

图 8.55　留言本绑定

07 其最终实现的效果如图 8.56 所示。

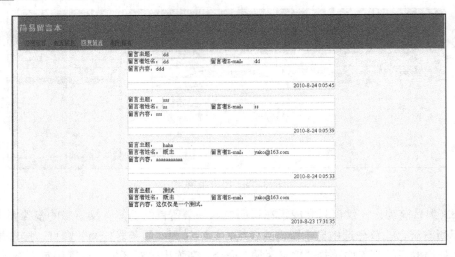

图 8.56　测试效果

任务检测与评估

任务完成后，请填写表 8.3，对自己的学习情况进行评估。

表 8.3　任务检测与评估表

检测项目		评分标准	分值	学生自评	教师评估
页面部分	页面样式美观	与图相符得 10 分，一般得 8 分，页面效果差得 5 分，未设计得 0 分	10		
	表格部分	表格设置正确得 5 分	5		
程序部分	记录集	记录集正确建立并有按留言时间的降序读取出得 20 分，未正确排序得 15 分，未正确建立不得分	20		
	页面数据绑定	页面各项数据正确绑定到对应的位置得 15 分，个别绑定位置不正确得 10 分，未绑定不得分	15		
	记录集重复区域	有建立记录集的重复区域满得 15 分，若重复区域建立不正确或表格变形得 5 分，未建立不得分	15		
	记录集分页	有建立记录集的上一页、下一页、第一页、最后一页并且能正确访问得 20 分，每少一项扣 5 分，若不能正确访分不得分	20		
技能熟悉程度	调试过程中出现错语	无出现错误得 10 分，出现一个错误并能正确解决不扣分，不能解决扣 5 分	10		
	完成时间	一个半小时内完成得 5 分，每超出 10 钟扣 3 分	5		

任务四 制作留言回复页面

任务目标 本任务主要实现留言的回复功能，需掌握的技术是特定记录集的读取、数据库的更新。

任务分析 任务的难点在于两个页面的关联，既可以查看留言页面，又可以在单击"回复留言"按钮后能将该留言的 ID 传到回复页面，这个 ID 是联系两个页面的纽带，制作的时候千万不能出错。

任务步骤

01 将查看留言页面（ChaKan.asp）另存为 HuiFu.asp。

在表格的第四行，即留言回复后面加一个"回复此留言"超链接，链接的地址为 HuiFu1.asp，如图 8.57 所示。

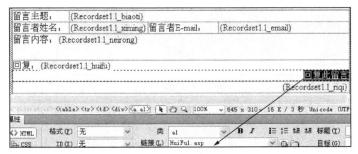

图 8.57 增加超链接

02 切换到代码视图，找到<style type="text/css"></style>代码块，创建一个新的超链接样式类 a1，输入代码如图 8.58 所示。

03 在代码视图中找到刚刚创建的超链接的代码：回复此留言 </a>，接着将 <a href="HuiFu1.asp" class="a1"> 改为 <a href="HuiFu1.asp?id=" class="a1">，然后打开绑定的面板，将记录集下面的 l_id 移至 "HuiFu1.asp?id=" 的后面，如图 8.59 所示。

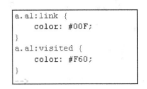

图 8.58 CSS 代码

图 8.59 l_id

04 测试一下页面链接，当单击超链接后，链接会将本条留言的 ID 号传递给"HuiFu1.asp"文本，如图 8.60 所示。

图 8.60 测试留言显示页

05 新建 HuiFu1.asp 文件，并制作简单页面，如图 8.61 所示。

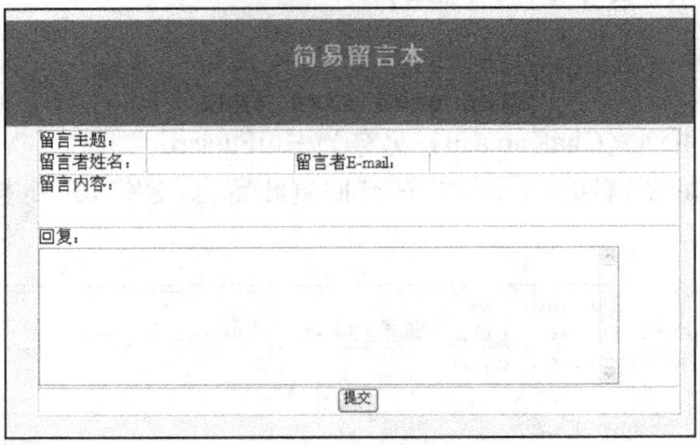

图 8.61 留言页面

06 新建一个记录集，将从地址栏收到的 ID 号从数据库中读取出来。

07 参考步骤 03，将数据记录集移至页面表格相对应的位置，但请不要拖动回复字段至页面上。

08 在 HTML 文件夹下新建一个页面 success2.html，在该页面输入"回复留言成功，点此返回"文字，并将"点此返回"链接到 HuiFu.asp。

09 执行"服务器行为">"更新记录"命令，接着在"更新记录"窗口中填写好参数，如图 8.62 所示。

图 8.62 更新记录

任务检测与评估

任务完成后，请填写表 8.4，对自己的学习情况进行评估。

表 8.4　任务检测与评估表

	检测项目	评分标准	分值	学生自评	教师评估
页面部分	页面样式美观	与图相符得 10 分，一般得 8 分，页面效果差得 5 分，未设计得 0 分	10		
	表格及表单部分	表格与表单设置正确得 5 分	5		
	有回复留言成功页面	有回复留言成功页面并有返回链接得 10 分，无返回链接得 5 分，无回复留言成功提示页面不得分	10		
程序部分	留言查看页面链接 ID 绑定	有将留言 ID 绑定到查看页面中的"回复留言"链接得 10 分，否则得 0 分	10		
	记录集	记录集正确建立并有按留言 ID 进行筛选得 20 分	20		
	记录集更新	单击回复后能正常更新回复得 25 分，否则不得分	25		
技能熟悉程度	调试过程中出现错语	未出现错误得 10 分，出现一个错误并能正确解决不扣分，不能解决扣 5 分	10		
	完成时间	1 个小时内完成得 10 分，每超出 10 分钟扣 3 分	10		

任务五　制作留言删除页面

■ **任务目标**　掌握数据记录的删除方法。

■ **任务分析**　本任务相对比较简单，任务的难点在于修改代码部分。

任务步骤

01 将"HuiFu.asp"文件另存为名为"Shanchu.asp"的文件。

02 将"回复此留言"的链接改成"删除此留言"，并且将链接的地址"HuiFu1.asp"更改为"ShanChu1.asp"。

03 新建一个名为"ShanChu1.asp"的文件。

04 在"ShanChu1.asp"新建一个记录集，具体参数设置如图 8.63 所示。

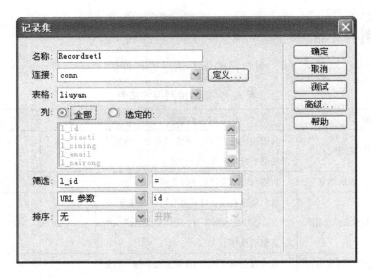

图 8.63　插入记录集

05 在"绑定"窗口右上角单击"+"按钮，在弹出的下拉列中选择"命令（预存过程）"选项。

06 在"命令"窗口中新建一个删除的命令，具体参数的设置如图 8.64 所示。

图 8.64　删除记录命令

07 切换到代码视图，将代码"Command1.CommandText = "DELETE FROM liuyan WHERE l_id"改成"Command1.CommandText = "DELETE FROM liuyan WHERE l_id=" &Request.QueryString（"id"）"，其中的"Request.QueryString（"id"）"为读取地址栏中参数名为"id"的参数所对应的值，"&"为 ASP 中连接符号。其代码块如图 8.65 所示。

```
<%
Set Command1 = Server.CreateObject ("ADODB.Command")
Command1.ActiveConnection = MM_conn_STRING
Command1.CommandText = "DELETE FROM liuyan  WHERE l_id "
Command1.CommandType = 1
Command1.CommandTimeout = 0
Command1.Prepared = true
Command1.Execute()
%>
```

```
Set Command1 = Server.CreateObject ("ADODB.Command")
Command1.ActiveConnection = MM_conn_STRING
Command1.CommandText = "DELETE FROM liuyan  WHERE l_id ="&Request.QueryString("id")
Command1.CommandType = 1
Command1.CommandTimeout = 0
Command1.Prepared = true
Command1.Execute()
%>
```

图 8.65 删除命令代码

08 在页面上输入文字"删除成功，点此返回"，并将"点此返回"链接到 shanchu.asp。

任务检测与评估

任务完成后，请填写表 8.5，对自己的学习情况进行评估。

表 8.5 任务检测与评估表

	检测项目	评分标准	分值	学生自评	教师评估
页面部分	页面样式美观	与图相符得 10 分，一般得 8 分，页面效果差得 5 分，未设计得 0 分	10		
	有删除成功页面	有删除成功页面并有返回链接得 10 分，无返回链接得 5 分，无删除成功页面不得分	10		
程序部分	删除命令	删除命令设置正确复满分，否则不得分	15		
	代码块修改	代码块修改正确得 15 分	15		
	程序执行情况	能正常执行删除	30		
技能熟悉程度	调试过程中出现错语	未出现错误得 10 分，出现一个错误并能正确解决不扣分，不能解决扣 5 分	10		
	完成时间	一个小时内完成得 10 分，每超出 10 分钟扣 3 分	10		

项目评价

通过完成本项目各任务，完成网络留言簿的制作。完成项目网站后，请认真填写表 8.6 以检查自己的学习情况。

表8.6 项目检测与评价表

检测项目		评分标准	分值	学生自评	教师评估
项目功能 (50分)	留言添加	完成留言添加功能，并且有留言成功提示页面	15分		
	留言显示	具备留言显示功能，并且能一页显示多条，具备翻页功能	15分		
	留言回复	留言能正常回复，并且回复成功后有提示	10分		
	留言删除	留言能正确删除，删除后能回到管理页面	10分		
知识掌握 (30分)	站点配置	正确配置IIS与建立动态站点	5分		
	数据库连接	连接数据库一次即成功	5分		
	建立记录集	熟练掌握建立记录集，并能设置各项条件进行记录筛选，掌握记录的排序	7分		
	记录添加、删除、更新	熟练掌握记录的添加、删除、更新命令，并能明白三个命令的各项参数的意义，掌握对参数的修改	10分		
	记录集重复与翻页	熟练掌握记录集的重复与翻页等功能	3分		
技能熟练程度及解决问题能力(20分)	功能的掌握与扩展	对留言本的制作流程非常熟悉，能很快写出普通留言本的需求，并且能指出本留言本的不足与改进方向	5分		
	程序问题的积累与提高	在项目制作的过程中碰到各种问题时，能分析问题产生的原因，并且能独立解决问题和记下该问题，在下次碰到该问题时能轻松解决	15分		

9

项目九 ｜ 创建在线书城

项目说明

在线书城网站是电子商务的一种形式，它可以将购书的过程变得简单、轻松、快捷、方便。在线书城在设计时主要需考虑到书籍的分类、购物车、交易安全、商品促销等内容。本网站的站点结构设计如图 9.1 所示。

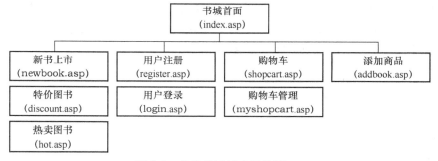

图 9.1 在线书城站点结构图

准备一 ASP 的概念及语法
准备二 常见的 ASP 错误及解决方法
任务一 站点配置与数据库设计
任务二 实现后台添加书籍页面
任务三 实现在线书城首页
任务四 实现热卖书籍、新书上架、特价书籍页面
任务五 实现书本详细显示页面
任务六 实现用户注册及登录功能
任务七 实现购物车功能

技能目标

1. 掌握 ASP 上传文件的方法。
2. 数据区域的重复及数据列表分页。
3. 掌握 Session 的功能及作用。
4. 掌握实现用户合法性的验证方法。

准备一　ASP 的概念及语法

1．ASP 的定义

ASP 全称 Active Server Pages（动态服务器网页），是一种运行在 Windows 平台下的动态网页技术。ASP 文件扩展名为".asp"。

2．ASP 和 HTML 的不同之处

■ 当浏览器请求某个 HTML 文件时，服务器会返回这个文件。

■ 而当浏览器请求某个 ASP 文件时，IIS 将这个请求传递至 ASP 引擎。ASP 引擎会逐行读取这个文件，并执行文件中的脚本。最后，ASP 文件将以纯 HTML 的形式返回到浏览器。

3．基本的 ASP 语法规则

通常情况下，ASP 文件包含着 HTML 标签，类似 HTML 文件。不过，ASP 文件也可包含服务器端脚本，这些脚本被"<%"和"%>"括起来。服务器脚本在服务器端执行，可包含合法的表达式、语句或者运算符。在 ASP 中，默认使用 VBScript 语言。

【例 9-1】　新建一个 ASP 文件，并在页面中输出一行文字"Hello World"，在页面上输出文字使用语句"response.write（"要输出的内容"）"，具体的输入代码如下。

```
<html>
<body>
<%
Response.write("Hello World!")
%>
</body>
</html>
```

准备二　常见的 ASP 错误及解决方法

1．数据库的读写权限不够

"Microsoft OLE DB Provider for ODBC Drivers　（0x80004005）[Microsoft][ODBC Microsoft Access Driver]"操作必须使用一个可更新的查询。

此问题是由数据库的读写权限不够引起的，解决的办法是给"Everyone"用户赋予读写的权限，如图 9.2 和图 9.3 所示。

2．页面中汉字全为乱码

页面中汉字为乱码是因为汉字的编码方式不正确,解决的方法是通过代码视图找到 ASP 的第一行，将代码"<%@LANGUAGE="VBSCRIPT"　CODEPAGE="65001"%>"改成代码

"<%@LANGUAGE="VBSCRIPT" CODEPAGE="936"%>"。

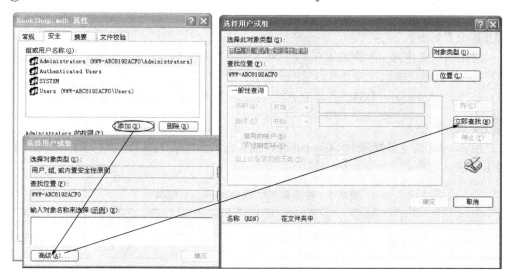

图 9.2　"选择用户或组"对话框

图 9.3　设置"Everyone"权限

任务一　站点配置与数据库设计

任务目标　学会怎样配置站点，并建立好与站点相配套的数据库结构。

任务分析　能否正确地设计数据库关系到整个项目的顺利进行，所以在设计数据时一定要细心，初学者最容易搞错各个字段的数据类型，或忘记为数据表添加主键等。

任务步骤

01 配置站点。

1）新建站点文件夹（本例放置在 F：/BookShop 文件夹内）。

2）在 IIS 中建立虚拟目录（可参考图 9.5）。

3）打开 Dreamweaver CS4，并建立 ASP 动态站点（可参考图 9.5 和图 9.6）。

02 建立数据库。

1）用 Access 建立数据库 bookshop.mdb，放置在站点目录下的 DB 文件夹内，数据库结构如表 9.1 所示。

表 9.1 数据库文件 bookshop.mdb 结构

表名	说明
book	商品表
users	用户表
shopcart	购物车表

2）建立各数据表，book 数据表结构如表 9.2 所示，users 数据表结构如表 9.3 所示，shopcart 数据表结构如表 9.4 所示。

表 9.2 数据表 book 结构

字段名	类型/长度	说明
b_id	自动编号	书本编号
b_name	文本型（100）	书名
b_class	文本型（20）	类型
b_price	数字型（单精度）	价格
b_pic	文本型（50）	商品图片
b_content	备注型	商品描述
b_hit	数字型（默认值为 1）	书本浏览次数
b_discount	数字型（单精度）	折扣价

表 9.3 数据表 users 结构

字段名	类型/长度	说明
u_id	自动编号	用户流水号
u_name	文本型（20）	用户名
u_password	文本型（20）	密码
u_type	数字型	用户类型

表9.4　数据表 shopcart 结构

字段名	类型/长度	说明
s_id	自动编号	商品流水号
u_name	文本型	用户名
b_id	数字型	书本 id
b_name	字符型	书本名称
b_count	数字型	书本数量
s_money	数字型	价格

任务检测与评估

任务完成后，请填写表9.5，对自己的学习情况进行评估。

表9.5　任务检测与评估表

检测项目		评分标准	分值	学生自评	教师评估
任务知识内容	IIS 配置	熟练，一次性完成，得 15 分；一般熟练，反复操作后完成，得 10 分；询问，在别人指导下完成，得 8 分；未能完成，得 0 分	15		
	Dreamweaver 站点配置		15		
	数据表的设计		15		
任务操作技能	站点的建立	按站点建立的要求，完成站点建立，得 15 分，错误一项扣 2 分	15		
	IIS 的配置	每出现一处错误扣 3 分	20		
	数据表的设计	字段名、字段类型都正确得满分，错误一项扣 2 分	20		

任务二 　实现后台添加书籍页面

任务目标　制作在线书城系统后台，实现书籍及相关信息的添加。

任务分析　添加书籍页面与前面所述的添加留言页面的方法基本相同，不同之处为需实现一个图片上传功能，也是整个任务最难之处，上传图片需要手写部分代码，此处也是最容易出错的。代码的输入要正确，同时也要尝试去理解上传图片代码的含义。

任务步骤

01 界面制作。在站点目录下找到 html\sub.asp，将其"另存为"为 addBook.asp，并编辑好界面如图 9.4 所示。

1）在插入表单元素前先插入表单，让表单包围所有表单元素。

2）将"上传图片"设为空链接，切换到代码视图，将该链接的代码改为：

```
><a href="#" onclick="MM_openBrWindow('book_img.asp', '', 'width=300,
height=100')">上传图片</a>
```

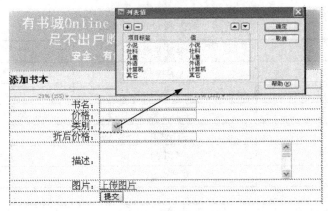

图 9.4　添加书籍界面

02 新建上传图片页面 book_img.asp，并在页面中插入表单、表单元素文件域和提交按钮，最后将表单的 action 属性设置为"book_photo.asp"，具体如图 9.5 所示。

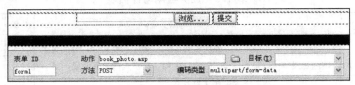

图 9.5　上传图片界面

03 新建上传图片程序页面 book_photo.asp，并切换到代码视图输入代码。其中，具体代码如图 9.6 所示。

```
<!--#include file="../Connections/conn.asp" -->
<%daxiao=request.TotalBytes
zong=request.BinaryRead(daxiao)
huiche=chrb(13)&chrb(10)
huiqian=leftb(zong,clng(instrb(zong,huiche))-1)
kai=instrb(zong,huiche&huiche)+4
jie=instrb(kai+1,zong,huiqian)-kai
zuihou=midb(zong,kai,jie)
set conn=server.CreateObject("ADODb.connection")
conn.open "provider=microsoft.Jet.OLEDB.4.0;data source="&server.MapPath("..\db\BookShop.mdb")
set rs=server.CreateObject("ADODb.recordset")
rs.open "select * from photo",conn,1,3
rs.addnew
rs("images").appendchunk zuihou
rs.update
rs.close()
set rs=nothing
conn.close()
set conn=nothing%>
<%
Dim Recordset1
Dim Recordset1_cmd
Dim Recordset1_numRows

Set Recordset1_cmd = Server.CreateObject ("ADODB.Command")
Recordset1_cmd.ActiveConnection = MM_conn_STRING
Recordset1_cmd.CommandText = "SELECT * FROM photo ORDER BY id DESC"
Recordset1_cmd.Prepared = true

Set Recordset1 = Recordset1_cmd.Execute
Recordset1_numRows = 0
session("photo")=(Recordset1.Fields.Item("id").Value)
%>
上传成功,请单击<a href="#" onclick="window.close()">[关闭]
<%
Recordset1.Close()
Set Recordset1 = Nothing
%>
```

图 9.6　输入的具体代码

04 回到 addBook.asp 页面，新建一个"自定义连接字符串"的数据库链接，如图 9.7 所示。

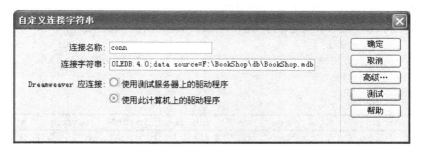

图 9.7　自定义连接字符串界面

1）连接字符串的代码为：

```
provider=microsoft.Jet.OLEDB.4.0;data source=你的数据库路径
```

2）在"服务器行为"面板中选择"插入记录"选项，并设置好各项参数，如图 9.8 所示。

图 9.8　插入记录

3）切换到代码视图，找到代码

```
MM_editCmd.CommandText = "INSERT INTO book (b_name, b_price, b_class,
b_discount, b_content) VALUES(?, ?, ?, ?, ?)"
```

将之替换为

```
MM_editCmd.CommandText = "INSERT INTO book (b_name, b_price, b_class,
b_discount, b_content, b_pic) VALUES(?, ?, ?, ?, ?, "&session("photo")&")"
```

05 打开"服务器行为"面板，执行"+">"用户身份验证">"限制用户对网页的访问"命令，然后切换到代码视图，修改代码的提示如图 9.9 所示。

修改后，只有 admin 用户才能访问此页。

06 测试程序，在添加书籍信息后，打开数据表，检查书籍信息是否已添加进数据库。

```
MM_authorizedUsers=""
MM_authFailedURL="login.asp"
MM_grantAccess=false
If Session("MM_Username") <> "" Then
    If (true Or CStr(Session("MM_UserAuthorization"))="") Or_
        (InStr(1,                              MM_authorizedUsers,
        Session("MM_UserAuthorization")) >=1 Then MM_grantAccess = true
    End If
End If


If Session("MM_Username") <> "" and Session("MM_Username")="admin" Then
    If (true Or CStr(Session("MM_UserAuthorization"))="") Or_
        (InStr(1,                              MM_authorizedUsers,
        Session("MM_UserAuthorization")) >=1) Then MM_grantAccess = true
    End If
End If
```

图 9.9　修改代码的提示

任务检测与评估

任务完成后，请填写表 9.6，对自己的学习情况进行评估。

表 9.6　任务检测与评估表

检测项目		评分标准	分值	学生自评	教师评估
页面部分	页面样式美观	与图相符得满分 10 分，一般得 8 分，页面效果差得 5 分，未设计得 0 分	10		
	超链接设置正确	满分 5 分	5		
	表单设计合理，并且有为表单命名	表单设计正确得 5 分，有为表单元素命名得 5 分	10		
程序部分	正确的数据库连接	正确链接到数据库得 15 分，否则得 0 分	15		
	书籍信息能正确插入到数据库	满分 20 分，每出一项错语扣 5 分	20		
	有添加成功页面	有留言成功页面并有返回链接得 10 分，有页面无返回链接得 5 分，无提示页面得 0 分	10		
技能熟悉程度	调试过程中出现错语	未出现错误得 20 分，出现一个错误并能正确解决不扣分，不能解决扣 5 分	20		
	完成时间	一个小时内完成得 10 分，每超出 10 分钟扣 3 分	10		

任务三　实现在线书城首页

任务目标　实现在线书城系统首页的制作。

任务分析　首页是一个网站的入口，书城的首页要实现包括网站所有的栏目，如热卖图书、新书上市、特价图书等，并且要具体显示所有的页面的入口，首页的最终效果如图 9.10 所示。

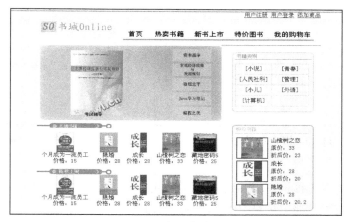

图 9.10　在线书城首页

任务步骤

01 打开模板 index.asp。

02 实现"热销书籍"栏目，"热销书籍"栏目的内容是从数据库中读取浏览量排名前四的书籍。

1）根据上面的思路，创建一个记录集，并按 book 表的 b_hit 字段降序排序，如图 9.11 所示。

2）执行"插入">"图像对象">"图像占位符"命令，在弹出的窗口中设置图像宽度和高度分别为 55 像素、70 像素，选中图像占位符，切换到代码视图，将记录集的 b_pic 属性绑定到图片的 Src 属性。

3）输入代码：

```
<img src="upFiles/<%=(Recordset1.Fields.Item("b_pic").Value)%>" width="55"
```

4）将书名与价格绑定到页面，如图 9.12 所示。

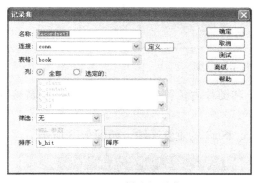

图 9.11　创建记录集

{Recordset1.b_name}
¥{Recordset1.b_price}元

图 9.12　页面绑定

5）为图书添加超级链接，并链接到 showdetail.asp?b_id=页面，并且在地址后面绑定记录集的 b_id。

6）选中书本信息所在单元格，创建重复区域（"行为">"+">"重复区域"），重复的记录数为 4，如图 9.13 和图 9.14 所示。

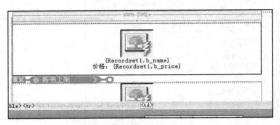

图 9.13　选中单元格

图 9.14　创建重复区域

03 实现"新书上架"栏目，实现的方法参考"热销书籍"栏目，唯一不同之处为将记录集的排序的字段设为 b_id，按降序排序。

04 实现"特价书籍"栏目。

1）先在"特价书籍"栏目内容单元格内插入一个 3 行 2 列的表格，然后在页面中按要求插入图片占位符及文字，如图 9.15 所示。

2）建立记录集 Recordset3 ，筛选条件设置为"b_discount"，"<>"，"输入的值"，"0"，具体设置如图 9.16 所示。

图 9.15　特价书籍栏目界面

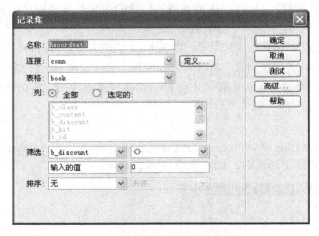

图 9.16　创建特价书籍记录集

3）将记录集 Recordset3 的数据绑定到页面上和图片占位符中，并为图片创建超链接到 showdetail.asp 页面且绑定 b_id 参数，如图 9.17 所示。

4）选中绑定数据所在的表格，为表格创建 RecordSet3 的重复区域，如图 9.18 所示。

图 9.17　表格绑定

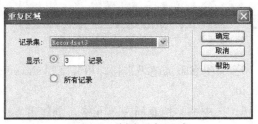

图 9.18　创建重复区域

任务检测与评估

任务完成后，请填写表9.7，对自己的学习情况进行评估。

表9.7　任务检测与评估表

检测项目		评分标准	分值	学生自评	教师评估
页面部分	页面样式美观	与图相符得 10 分，一般得 8 分，页面效果差得 5 分，未设计得 0 分	20		
	表格部分	表格设置正确得 5 分	5		
程序部分	记录集	能正确按各种条件和排序方式建立好三个记录集，错一处扣 5 分	20		
	页面数据绑定	页面的特价书籍、热销书籍和新书上市的数据正确绑定到对应的位置得 25 分，个别绑定位置不正确得 10 分，未绑定不得分	25		
	记录集重复区域	有建立记录集的重复区域得 15 分，若重复区域建立不正确或表格变形得 5 分，未建立不得分	15		
技能熟悉程度	调试过程中出现错语	未出现错误得 10 分，出现一个错误并能正确解决不扣分，不能解决扣 5 分	10		
	完成时间	一个半小时内完成得 5 分，每超出 10 分钟扣 3 分	5		

任务四　实现热卖书籍、新书上架、特价书籍页面

任务目标　实现特定图书显示的页面。

任务分析　热卖书籍、新书上架、特价书籍这三个栏目是网站的主体架构，它们拥有相同的页面显示结构，在页面中主要完成选定图书的显示，热卖书籍页面的最终效果图如图 9.19 所示。

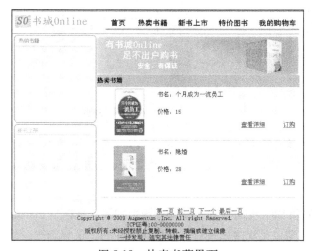

图 9.19　热卖书籍界面

任务步骤

01 打开 html/sub.asp，并将 sub.asp 另存为 hot.asp（热卖书籍）。

02 新建记录集 Recordset1，并将记录集设置为按 b_hit 的降序排列。

03 在页面中插入一个四行两列的表格，按图 9.20 所示的格式将记录集绑定到页面。

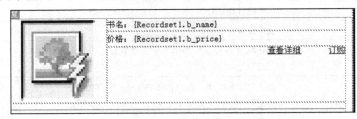

图 9.20 热卖书籍表格绑定

04 在表格的第四行创建"订购"链接，并链接到：

```
shopcart.asp?id=<%=(Recordset1.Fields.Item("b_id").Value)%>
```

05 选中书本信息所在的表格，创建记录集 Recordset1 的重复区域，并设置重复数为10。

06 单击服务器行为面板的"+"按钮，在弹出菜单中选择"记录集分页"选项，为记录集创建第一页、下一页、上一页、最后一页的链接，如图 9.21 所示。

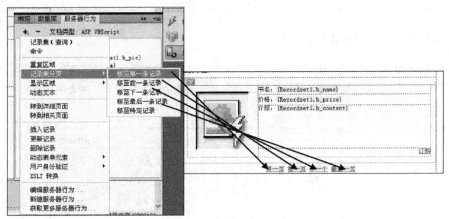

图 9.21 创建分页

07 实现新书上架页面，将 hot.asp（热卖书籍）另存为 newbook.asp（新书上架），然后打开"服务器行为"窗口，双击记录集，将页面所在的记录集修改为按 b_id 的降序排列，如图 9.22 所示。

08 实现特价图书页面，将 hot.asp（热卖书籍）另存为 discount.asp（新书上架），然后打开"服务器行为"窗口，双击记录集，将页面所在的记录集筛选条件设为"b_discount"，"<>"，"输入的值"，"0"，如图 9.23 所示。

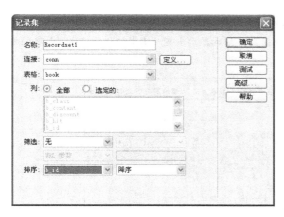

图9.22　创建新书上架记录集

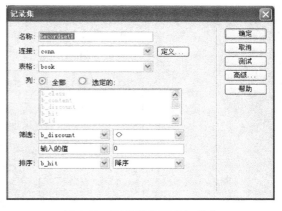

图9.23　创建特价图书记录集

任务检测与评估

任务完成后，请填写表9.8，对自己的学习情况进行评估。

表9.8　任务检测与评估表

检测项目		评分标准	分值	学生自评	教师评估
页面部分	页面样式美观	与图相符得10分，一般得8分，页面效果差得5分，未设计得0分	10		
	表格部分	表格设置正确得5分	5		
程序部分	记录集	记录集正确建立并有按留言时间的降序读取出得20分，未正确排序得15分，未正确建立不得分	20		
	页面数据绑定	页面各项数据正确绑定到对应的位置得15分，个别绑定位置不正确得10分，未绑定不得分	15		
	记录集重复区域	有建立记录集的重复区域满分，若重复区域建立不正确或表格变形得5分，未建立不得分	15		
	记录集分页	有建立记录集的上一页、下一页、第一页、最后一页并且能正确访问得20分，每少一项扣5分，若不能正确访问不得分	20		
技能熟悉程度	调试过程中出现错语	未出现错误得10分，出现一个错误但能正确解决不扣分，不能解决扣5分	10		
	完成时间	一个半小时内完成得5分，每超出10分钟扣3分	5		

任务五　实现书本详情显示页面

任务目标　实现书本详细信息在页面上的显示。

■ 任务分析 书本详细信息页面是在首页或热卖图书、新书上架、特价图书等页面单击"查看详细"后显示的页面，在该页面能详细地显示出某一本书的详细信息。最终的效果如图 9.24 所示。

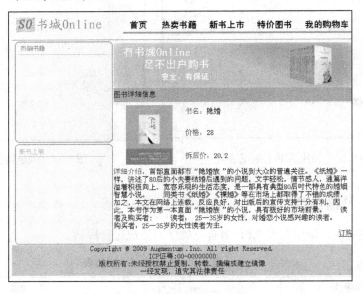

图 9.24 显示详细信息页面

□ 任务步骤

01 将 sub.asp 另存为 showdetail.asp，并按如图 9.25 所示插入表格和图像占位符。

02 建立记录集，记录集的筛选条件设为根据 URL 参数 b_id 进行筛选，如图 9.26 所示。

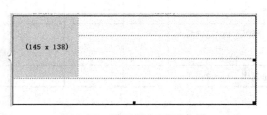

图 9.25 显示详细页面布局

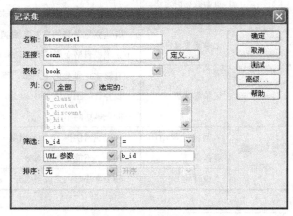

图 9.26 创建记录集

03 将图像占位符的源文件地址设为

```
upFiles/<%= (Recordset1.Fields.Item ("b_pic") .Value) %>
```

并按图 9.27 进行数据绑定。

图 9.27　页面数据绑定

任务检测与评估

任务完成后，请填写表 9.9，对自己的学习情况进行评估。

表 9.9　任务检测与评估表

检测项目		评分标准	分值	学生自评	教师评估
页面部分	页面样式美观	与图相符得 10 分，一般得 8 分，页面效果差得 5 分，未设计得 0 分	10		
	表格部分	表格设置正确得 5 分	5		
程序部分	记录集	记录集正确建立并有按 id 的降序读取出得 20 分，未正确排序得 15 分，未正确建立不得分	20		
	页面数据绑定	页面各项数据正确绑定到对应的位置得 15 分，个别绑定位置不正确得 10 分，未绑定不得分	15		
	记录集重复区域	有建立记录集的重复区域得 15 分，若重复区域建立不正确或表格变形得 5 分，未建立不得分	15		
	记录集分页	有建立记录集的上一页、下一页、第一页、最后一页并且能正确访问得 20 分，每少一项扣 5 分，若不能正确访分不得分	20		
技能熟悉程度	调试过程中出现错语	未出现错误得 10 分，出现一个错误并能正确解决不扣分，不能解决扣 5 分	10		
	完成时间	一个半小时内完成得 5 分，每超出 10 分钟扣 3 分	5		

任务六　实现用户注册及登录功能

任务目标　实现用户注册及登录功能。

任务分析　用户注册相对较简单，而用户登录则需考虑两种情况：一种是用户名和密码正确，则需转到相应的操作页面；另一种是当用户名或密码不正确时，则需要转到出错提示页面。

任务步骤

01 将 sub.asp 另存为 register.asp，在页面中制作表单如图 9.28 所示。

图 9.28　用户注册表单

02 在服务器行为窗口中单击"+"按钮，新建"插入记录"服务器行为，如图 9.29 所示。

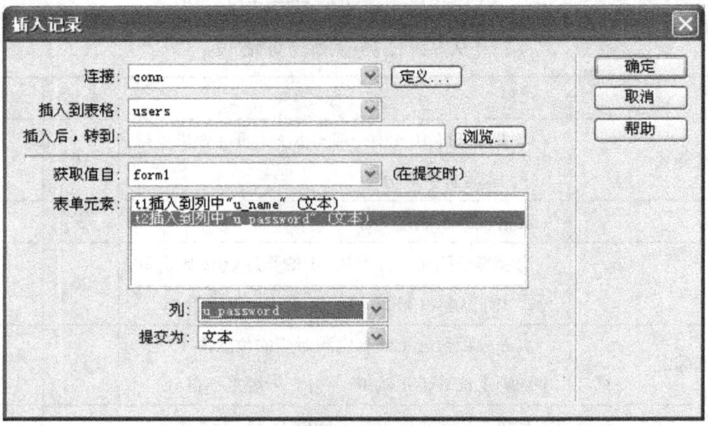

图 9.29　插入记录

03 新建一个网页 error.html，并在页面中输入"用户名已存在"。

04 在服务器行为窗口中单击"+"按钮，选择"用户身份验证"下的"检查新用户存在"选项，在弹出的窗口中，设置为如果存在则跳转到 error.html，如图 9.30 所示。

图 9.30　检查新用户是否已存在

05 测试注册页面。

06 实现用户登录页面，将 sub.asp 另存为 login.asp，并在页面中制作用来输入用户名和密码的表单。

07 新建 error1.html 页面，并在页面中输入"用户名或密码错误"。

08 在服务器行为窗口中单击"+"按钮，选择"用户身份验证"下的"登录用户"选项，在弹出的窗口中设置如图 9.31 所示。

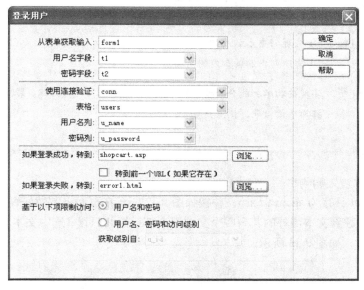

图 9.31　用户登录界面设置

任务检测与评估

任务完成后，请填写表 9.10，对自己的学习情况进行评估。

表 9.10　任务检测与评估表

检测项目		评分标准	分值	学生自评	教师评估
页面部分	页面样式美观	与图相符得 10 分，一般得 8 分，页面效果差得 5 分，未设计得 0 分	10		
	超链接设置正确	满分 5 分	5		
	表单设计合理，并且有为表单命名	表单设计正确得 5 分，有为表单元素命名得 5 分	10		
程序部分	记录集存在检查	满分 15 分	15		
	用户信息能正确插入到数据库	满分 20 分，每出一项错语扣 5 分	20		
	有注册成功页面	有注册成功页面并有返回链接满分，有页面无返回链接得 2 分，无提示页面得 0 分	5		
	有注册出错页面	有注册错误页面并有返回链接得 5 分，有页面无返回链接得 2 分，无提示页面得 0 分	5		
技能熟悉程度	调试过程中出现错语	未出现错误得 20 分，出现一个错误并能正确解决不扣分，不能解决扣 5 分	20		
	完成时间	一个小时内完成得 10 分，每超出 10 分钟扣 3 分	10		

任务七 | 实现购物车功能

任务目标 1）实现将书本放入购物车。
2）实现列出购物车内的商品。

任务分析 实现购物车功能分两步，第一步将订购信息写入数据库，第二步将订购信息从数据库中读出来，供用户查看。

任务步骤

01 将书本放入购物车。

1）将 sub.asp 另存为 shopcart.asp，并按如图 9.32 所示在页面上制做好表单。

2）将除图书数量文本域外的其余四个文本域全部设置为只读（选中文本域，在属性中找到只读选项并勾选），如图 9.33 所示。

图 9.32　图书订购页面表单

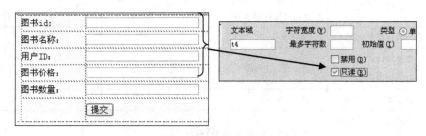

图 9.33　设置文本框只读属性

3）新建记录集，记录集的筛选条件设置根据 URL 的参数 b_id 进行筛选。

4）将记录集相关的字段绑定到各个文本框，且将用户名文本框的值设为<%=Session('MM_Username')%>，最后将图书数量文本框默认值设为1，如图 9.34 所示。

5）打开"服务器行为"面板，执行"+">"用户身份验证">"限制用户对页的访问"命令，通过设置，使得用户只有登录后才能进入到该页面。

6）打开"服务器行为"面板，执行"+">"插入记录"命令，在弹出的窗口中进行如图 9.35 所示的设置。

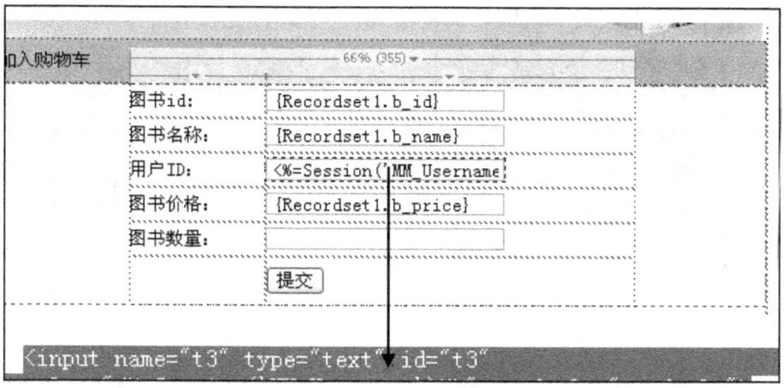

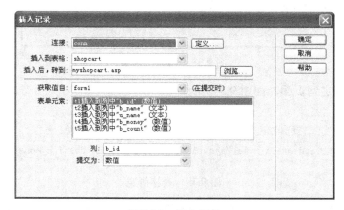

图 9.34　绑定用户名文本框

图 9.35　插入记录

切换到代码视图，将价格改为单价×数量，其代码的修改如下。

```
    r("param4",5, 1, -1, MM_IIF(Request.Form("t4"), Request.Form("t4"),
null))
```

⬇

```
    i.CreateParameter("param4", 5, 1, -1, MM_IIF(Request.Form("t4"),
null)*MM_IIF(Request.Form("t5"),Request.Form("t5"), null))' adDouble
```

02 购物车管理页面，购物车管理页面如图 9.36 所示。

1）将 sub.asp 另存为 myshopcart.asp，并在页面制作中制作如图 9.37 所示表格。

商品名	数量	总价
藏地密码5	2	50
藏地密码5	1	25
藏地密码5	1	25
隐婚	1	28

图 9.36　购物车管理界面

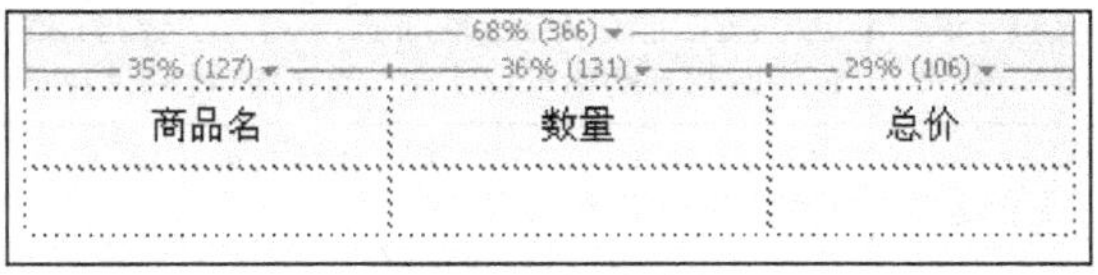

商品名	数量	总价

图 9.37　创建表格

2）新建记录集，记录集数据源于 shopcart 表，将记录集的"筛选"条件设为根据"阶段变量 MM_Username"进行筛选,如图 9.38 所示。

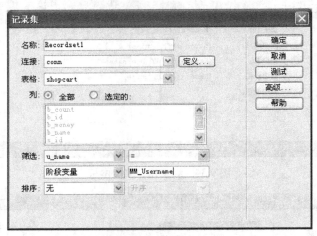

图 9.38 创建记录集

3)将记录集绑定到页面,如图 9.39 所示。

图 9.39 表格绑定

4)选中绑定数据所在行,单击服务器行面板上的"+"按钮,选择"创建重复区域"选项。

5)打开"服务器行为"面板,执行"+">"用户身份验证">"限制用户对页的访问"命令,通过设置后,用户只有登录后才能进入到该页面。

任务检测与评估

任务完成后,请填写表 9.11,对自己的学习情况进行评估。

表 9.11 任务检测与评估表

检测项目		评分标准	分值	学生自评	教师评估
页面部分	页面样式美观	与图相符得 10 分,一般得 8 分,页面效果差得 5 分,未设计得 0 分	10		
功能部分	登录验证	有用户登录有效性验证	15		
	能正确插入到数据库	满分 20 分,每出一项错语扣 5 分	20		
	数据绑定成功	能正确显示我的购物车信息	20		
	能及时更新购物车	能更新购物车购物数量	5		
技能熟悉程度	调试过程中出现错语	未出现错误得 20 分,出现一个错误并能正确解决不扣分,不能解决扣 5 分	20		
	完成时间	一个小时内完成得 10 分,每超出 10 分钟扣 3 分	10		

项目评价

通过本项目各任务的学习，完成项目网站的制作。完成项目网站后，请认真填写表 9.12 以检查自己的学习情况。

表 9.12　项目检测与评价表

检测项目		评分标准	分值	学生自评	教师评估
项目功能 (50 分)	书籍添加	完成书籍添加功能，并且有添加成功提示页面	15 分		
	主页	能按照效果图制作出主页的效果	15 分		
	二级页面	能按照项目的要求实现热卖书籍、特价书籍等二级页面	10 分		
	购物车	能正确地往购物车添加商品，并且能正确显示出来	10 分		
知识掌握 (30 分)	站点配置	正确配置 IIS 与建立动态站点	5 分		
	数据库连接	连接数据库一次即成功	5 分		
	建立记录集	熟练掌握建立记录集，并能设置各项条件进行记录筛选，掌握记录的排序	7 分		
	记录添加、删除、更新	熟练掌握记录的添加、删除、更新命令，并能明白三个命令的各项参数的意义，掌握对参数的修改	10 分		
	记录集重复与翻页	熟练掌握记录集的重复与翻页等功能	3 分		
技能熟练程度及解决问题能力(20 分)	功能的掌握与扩展	对在线书城网站的制作流程非常熟悉，能很快写出在线购物网站的需求，并且能指出本网站的不足与改进方向	5 分		
	程序问题的积累与提高	在项目制作的过程中碰到各种问题时，能分析问题产生的原因，并且能独立解决问题和记下该问题，在下次碰到该问题时能轻松解决	15 分		

参 考 文 献

孙良军. 2006. Dreamweaver 8 实例标准教程[M]. 山东：中国青年出版社.

周建国. 2008. Dreamweaver CS3 网页设计与制作实例精讲[M]. 北京：人民邮电出版社.

Jon Duckett. 2010. Web 编程入门经典—HTML、XHTML 和 CSS[M]. 第 2 版. 杜静，敖富江译. 北京：清华大学出版社.

Zeldman.j. 2004. 网站重构：应用 Web 标准进行设计[M]. 傅捷，于宗义，祝军译. 北京：电子工业出版社.

http://www.sdlcwy.net/